0歳からシニアまで

シー・ズーとのしあわせな暮らし方

Wan編集部 編

はじめに

大きな瞳と短めなマズル、そしてふわふわの被毛が魅力的なシー・ズー。明るく人懐こい性格で、生粋の愛玩犬ともいえる犬種です。その愛らしい仕草と表情で多くの人を魅了し、今日に至るまで日本はもちろん世界各地で世代を超えて愛されてきました。

この本の特徴は、「0歳からシニアまで」シー・ズーの一生をカバーしたものであるということ。飼育書でよくある「これからシー・ズーを飼いたい」と思っている人向け、子犬向けの情報だけにとどまらない内容となっています。もちろん、子犬の迎え方や育て方もたっぷり盛り込んでいるので、シー・ズーの初心者さんにもばっちりお役立ち。それにプラスして、成犬になってから役立つトレーニングや行動学、保護犬の迎え方、お手入れ、マッサージ、病気のあれこれに、避けては通れないシニア期のケアをご紹介しています。

シー・ズーを長く飼っているベテランさんにも、飼い始めて間もない人にも、そしてこれから飼おうかと考えている人にも、シー・ズーを愛するすべての人に読んでほしい……。そんな願いを込めて、愛犬雑誌『Ｗａｎ』編集部が制作した一冊です。

飼い主さんとシー・ズーたちが、〝しあわせな暮らし〟を送るお手伝いができれば、これに勝る喜びはありません。

２０２４年12月

『Ｗａｎ』編集部

もくじ

PART 1

シー・ズーの基礎知識

PART 2

シー・ズーの迎え方

13

PART 3

シー・ズーのトレーニングと行動学

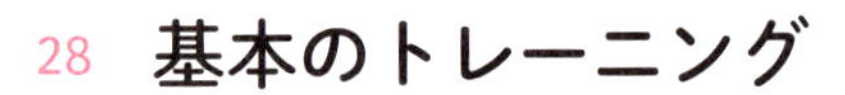

27

PART 4 シー・ズーのお手入れとマッサージ

45

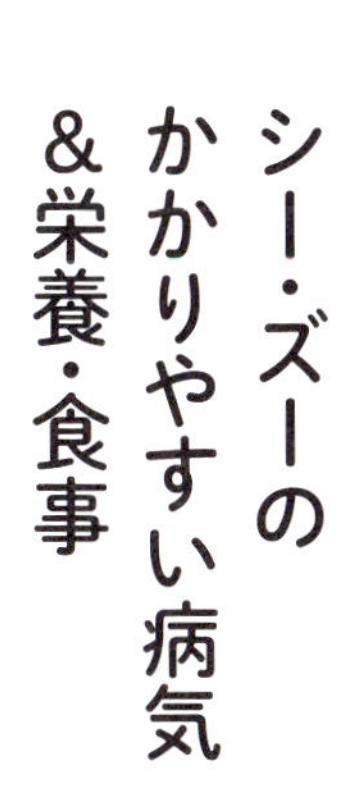

PART 5 シー・ズーのかかりやすい病気&栄養・食事

81

シニア期のケア

PART 6

115

※本書は、『Wan』および『ハッピー*トリマー』で撮影した写真を主に使用し、掲載記事に加筆・修正して内容を再構成しております。

Part 1
シー・ズーの基礎知識

シー・ズーは日本でも根強い人気を誇る犬種ですが、
まだ知られていないこともたくさんあります。
まずはシー・ズーという犬種について学びましょう。

シー・ズーの歴史

日本だけでなく、世界じゅうで高い人気を誇るシー・ズー。
まずはシー・ズー好きなら知っておきたい、
犬種の歴史や成り立ちを紹介します。

宮廷で大事に育てられた犬

「シー・ズー」とは、「獅子（ライオン）」を中国語読みしたものです。古くから中国の宮廷で愛された犬で、今では愛玩犬として不動の地位を保っています。

シー・ズーの起源については諸説ありますが、書物や絵画、美術品などによると、624年までさかのぼることができるようです。このころの中国は唐の時代で、チベットと密接な関係にありました。624年に、チベットで最もすばらしい小型犬が唐へ貢物として贈られたそうで、これがシー・ズーではないかといわれています。

また、ウイグルの王が中国の宮廷にシー・ズーの先祖に当たる犬を贈ったという説もあります。時を経て、990~994年ごろにはチベットから再び中国（北宋）皇帝にシー・ズーに似た犬が献上されたそうです。シー・ズーは、チベット原産のマウンテン・ドッグとペキニーズの混血から生まれた犬種だといわれていますが、これも諸説あり、はっきりとはわかりません。

どの説が真実であるかはともかく、中国の宮廷犬としてきわめて慎重に選択繁殖されてきた犬だといえるでしょう。清の時代、北京の紫禁城（皇帝の居城）においても手厚い庇護を受けて飼育されていました。初期のシー・ズーはサイズが小さく、利発で非常に従順な性格でした。皇帝の寵愛を受けた犬は、さまざまな中国絵画にその姿をとどめています。絵画に描かれている姿を見ると、ライオンにそっくり。仏教信仰においては、ライオンと神仏のあいだには特別なつながりがあり、シー・ズーはライオンを意味するものとして描かれたのでしょう。

宮廷における シー・ズーの飼育は担当の宦官たちに任され、彼らは競うように皇帝の好みに合う犬を作り出したそうです。そして、シー・ズーという犬種が完成していきました。

愛玩犬として世界各地で大人気

1930年には、犬の本場であるイギリスに2頭のシー・ズーが輸入され、それがきっかけとなってイギリス国内でこの犬への関心が高まりました。当初はラサ・アプソなどとともに「アプソ」という東洋出身のグループに分類されていましたが、その後KC（イギリスのケネルクラブ）は犬種名を変更。1935年にはイギリスで「シー・ズー・クラブ」が発足しました。さらにシー・ズーは、北欧や南半球のオーストラリア、ヨーロッパ諸国にも広がって行きました。アメリカに紹介されたのは第二次世界大戦後で、シー・ズーの存在が知れ渡るやいなやその人気は沸騰したといいます。

お茶目で遊び好きな性格ですが、ドッグショーの場では誇り高く振る舞い、高貴な姿を見せてくれます。吠えることがあまりないおとなしい犬で、ペットとしても非常に魅力的。東洋生まれながら世界じゅうでファンを獲得しており、その人気はこれからも衰えることはないでしょう。

毛色について

シー・ズーの毛色は何色でもかまわないとされています。しかし代表的なものはほぼ決まっていて、日本でいちばんよく見かけるのはホワイト&ゴールド（いわゆる白茶）とブラック&ホワイト（黒白）。そのほか、白茶の茶色部分を少し赤くしたようなレッド&ホワイトや単色のブラック、マホガニー（濃い茶色）のシー・ズーも見受けられます。

シー・ズーの理想の姿

シー・ズーの理想型を示す犬種標準（スタンダード）を紹介します。
ドッグショーではスタンダードをもとに審査が行われます。

比率

体高：27cmを超えてはならない

体重：4.5kg ～8kg（理想体重は4.5kg ～7.5kg）

耳

大きく長く垂れ下がっていて、豊富な被毛が生えています。

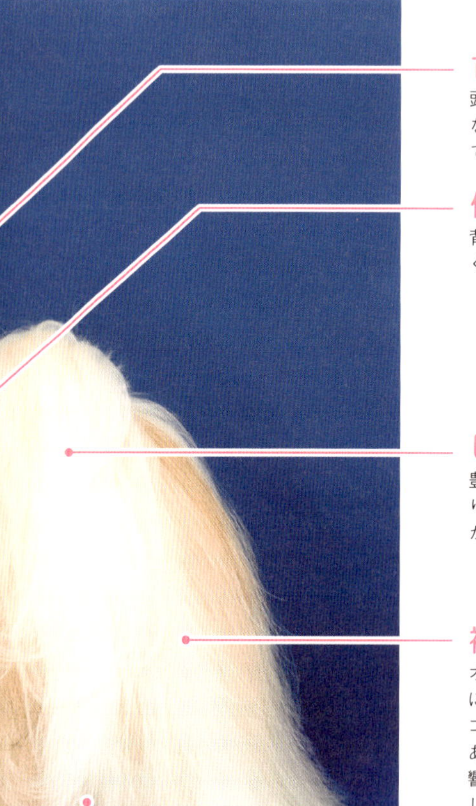

首

頭部を高く掲げるのに十分な長さで、適度にアーチしています。

体

背は平らで、胸は幅広く深くなっています。

しっぽ

豊富な長い飾り毛があり、上げたときには背にかかります。

被毛

オーバーコートは長く密に生えており、アンダーコートには適度な毛量があります。犬の視力に影響を与えず、歩様を制限しない長さの被毛が求められます。

足

丸くしっかりしており、パッドには弾力があります。十分な被毛でおおわれています。

頭

丸く幅広い形。あごひげと頬の被毛が豊富です。マズルの上向きに伸びる被毛は、前から見ると"菊の花"のような印象を与えます。

目

大きく丸く、両目は離れて付いています。色はダーク。

歯

噛み合わせは、わずかにアンダーショット（上の歯よりも下の歯が前に出て接している状態）、またはレベルバイト（上下の歯が同じくらいで接している）。

毛色

あらゆる毛色が許容されます。2色以上の場合は、前頭部に白いブレーズ（目と目のあいだの斑）があることやしっぽの先端が白いことが好ましいとされます。

迎えるなら成犬？　子犬？

「犬を飼うなら子犬から」という考えがまだまだ一般的ですが、
最近は保護犬などで成犬やシニア犬を
迎える動きも出てきています。

保護犬の里親探しでネックになりがちなのは、犬の年齢。成犬やシニア犬は、「子犬のほうがすぐ慣れてくれて、しつけもしやすそう」という里親希望者に敬遠されることが多いようです。

実際は、成犬やシニア犬が子犬と比べて飼いにくいということはありません。むしろ「成長後はどうなるのか」という不確定要素が少ないぶん、迎える前にイメージしやすいというメリットがあります。とくに保護犬は里親を募集するまで第三者が預かっているため、その犬の性格や健康上の注意点、くせ、好きなことと嫌いなこと（得意なことと不得意なこと）などを事前に教えてもらえるケースがほとんど。里親はそれに応じて心がまえと準備ができるので、スムーズに迎えることができるのです。

もちろん、健康トラブルを抱えた犬や体が衰えてきたシニア犬の場合は治療やケア（介護）が必要になりますし、手間やお金のかかることもあるでしょう。しかし、子犬や若く健康な犬でも突然病気になる可能性があります。老化はどんな犬でも直面する問題。保護団体（行政機関）の担当者や獣医師と相談して、適切なケアを行いながら一緒に過ごす楽しみを見つけましょう。

犬と一緒に暮らすとなると、どの年代でもその犬ならではの難しさと魅力があるものです。選択の幅を広く持ったほうが、“運命の相手”と出会える確率が上がるのではないでしょうか。

成犬は性格や好き嫌いが十分わかっていることが多いので、家族のライフスタイルや先住犬との相性など、総合的に判断できるというメリットがあります。

Part2
シー・ズーの迎え方

いよいよ「シー・ズーを迎えたい！」と思ったら……。
迎える準備、接し方などをチェックしましょう。

Shih Tzu's Puppies

いろいろな毛色のパピーが大集合。
たくさん遊んで、食べて眠って……
立派なオトナシー・ズーを目指して成長中です。

子犬の迎え方

まずは「子犬から迎える」ケースをモデルに、ポイントを確認します。

子犬を迎える前に

どこから迎えるのか、どんな子を選べばいいのかを考えてみましょう。

犬種への理解を深めてから迎えよう

シー・ズーは無駄吠えが少なく、飼い主が言うことをよく理解してくれる陽気な子が多いため、人間に近い気質でとても付き合いやすい犬種といえるでしょう。一方で、頑固な性格のワンコが多いという特徴もあります。たとえば、お気に入りのおいしいおやつを出してくれないと3～4日は一切ごはんを食べない……なんて子も。一緒に暮らすのであれば、こうした愛犬のわがままに負けないような根気強さが求められる場面もあるかもしれません。

どの犬種でもいえることですが、犬を迎えたいと思ったら、まずはその犬がどのような歴史と特徴を持つ犬種なのか、本やインターネットなどで調べて理解しておきましょう。犬種の知識が不足していると、迎えてからのギャップに悩んだり、販売側とのトラブルに発展してしまう可能性もあるからです。

子犬を選ぶときのチェックポイント

犬種への理解を深めた上でシー・ズーを迎えることを決めたら、専門のブリーダーやペットショップへ子犬を見に行く人が多いと思います。そこでまず確認してほしいのは、良い環境で子犬が育てられているか、ということです。ほかの子犬や親犬と元気に遊べるような状況か、トイレの状態は整えられているか、お尻や口の周りの毛が汚れたままではないか、などをチェックしてください。できればごはんの食べ方や量も見てほしいですし、あらかじめ排泄しそうな時間を教えてもらってウンチの状態を確認できれば、心身ともに健康な子犬かどうか判断しやすいと思います。

子犬を選ぶときはその両親も見せてもらい、将来健康的に育ちそうか想像してみてください。そして、子犬は実際に抱っこさせてもらいましょう。シー・ズーは骨が太い犬種なので、健全な子犬であれば見た目よりも重く感じるはず。また、もともと陽気で人懐こい性格なので、抱っこすればその子が人間に対して恐怖心を抱いているか否かもわかります。ワンコと飼い主さんの両方がしあわせに暮らすためにも、その子が健全な環境で育てられたか見きわめてお迎えすることが重要です。

愛犬は10年以上をともに歩む大切な存在。衝動的に飼い始めるのではなく、じっくり考えることが重要です。

子犬を迎えると決まったら

次に、子犬を迎えると決まった後のことについて考えましょう。

お迎え前に用意するものは?

子犬を迎えると決まったら「クレートやサークルを用意しなくては……」と思うかもしれませんが、ペットシーツ以外の物はブリーダーやショップの担当者に相談してから準備したほうが良いでしょう。愛犬とどのように暮らしたいのか、飼い主さんによって生活スタイルはさまざま。お迎えのときに必要なグッズは飼い主さんによって異なるものなので、あわてて準備するとその後まったく使わないものを購入してしまう可能性もあります。

ただ、とくにお留守番をしてもらうことが多くなる場合は、部屋の一画を区切ったりサークルを置いたりしてひとりになれる寝床を作り、犬舎やショップで使っていたベッドやオモチャを譲ってもらってそこに置くのがおすすめです。眠るときは落ち着くニオイのする寝床で、ひとりで寝てもらいましょう。おおよそ1週間もすればおうちの雰囲気に慣れる子がほとんどですが、なかなかうまくいかない場合は、譲ってくれたブリーダーなどに相談してみてください。

家に迎える前は、暮らしてもらう予定の部屋を、犬の視線の高さになりながら1周しましょう。シー・ズーは目が大きい犬種なので、机の角や壁の出っ張りなど、目を傷つけるものがあっては大変です。危ない物があった場合は、ほかの場所に移動したりカバーを付けたりして対応してください。

子犬を迎えた後の接し方

子犬が家にやって来たら、あまりのかわいさに家族みんなで大騒ぎだし、たくさんかまいたくなっちゃう！……そんな気持ちはわかります。ですが、まずは新しい環境にやって来た子犬を安心させてあげることが最重要。1週間ぐらいは温かい目で様子を見守ってください。そのあいだにどんな性格の子なのかもだんだんわかってくることでしょう。大きな音を立てて怖がらせたり、追いかけ回したりするのは厳禁です。とくに子犬の寝顔は本当にかわいいものですが、眠っているということはおうちの環境に安心している証拠。さわったり騒いだりして起こすようなことはせず、そっと寝かせてあげましょう。

また、子犬は必ず座って抱っこしてください。立ったままで抱っこすると、とくに不慣れなときはワンコを落としてしまうかも。子犬は頭のほうが重いので、落下してしまうと非常に危険です。

子犬のトイレの場所を決めよう

愛犬と暮らす上で、トイレの場所を覚えてもらうのは重要なポイントのひとつです。

子犬を迎える前に、家族で話し合ってワンコのトイレの場所は決めておきましょう。おうちに来た後は、ワンコが遊ぶスペースに大きめのペットシーツを数か所置いておきます。すると、だんだんワンコのお気に入りトイレスポットが決まっていくので、日にちをおいて1枚ずつ減らしていき、最終的に1枚だけ残るようにします。飼い主さんにとって望ましくない場所がお気に入りスポットになってしまったら、2～3日ごとに約10㎝ずつ、あらかじめ決めておいた場所までペットシーツをずらしていきましょう。毎日動かしていると場所が変わっていることに気づかれてしまうので、根気強く、少しずつずらしていくのがコツです。

お手入れは楽しい！と覚えてもらう

シー・ズーの顔の毛は特徴的で、よく「菊の花が咲いたよう」と表現されます。そんなシー・ズーの目の周りには目やにが出やすいので、こまめにふいて花のようにかわいい顔を保ってあげましょう。顔だけでなくお尻周りにも毛が多いので、トイレの後は排泄物が付いていないか気にしてあげてください。

これらのお手入れをするときに大切なのは、痛くないようにやさしくしてあげること。前述の通り、シー・ズーは頑固な子が多い犬種です。お手入れの時間に痛い思いをしたことを覚えてしまうと、コームがちょっと引っかかっただけで大騒ぎしてしまう子も。こうなると、サロンでもなかなか対応できなくなってしまいます。

「お手入れは楽しいこと」と覚えてもらえれば、ショードッグのようなフルコートも夢ではありません。お手入れ中に大人しくできていたら、おやつを与えたりたくさんほめてあげたりしてください。うまくいけば、コームを持っただけで飼い主さんのもとへ走ってくるようになるかもしれません。お手入れは、飼い主さんと愛犬がスキンシップを楽しめる大切な時間なのです。

また、お手入れをしっかりしていれば、皮膚の病気はそこまで心配しなくても大丈夫。ただし、暑さや湿気に弱いので、夏場であまりにも暑い日は散歩には行かなくても良いでしょう。むしろ熱中症になったり、パッドをやけどしてしまう可能性があるので、無理をさせるのは禁物です。

生涯家族でいられる犬種

一度シー・ズーを迎えると、ほかの犬種を迎えられなくなってしまうかもしれない。そんな人もいるぐらい、シー・ズーという犬種はとても魅力的です。明るく人間のような性格で、とても付き合いやすい犬種なので、年代を問わず生涯のパートナーになってくれることでしょう。また、たくさんの運動量を必要とする犬種でもないので、高齢の方でも飼いやすいといえます。

高齢者が犬を飼う場合、「最期まで看取れるのか」という不安が出てくるかもしれませんが、逆に愛犬がいることで「長生きしなければ」と思う飼い主さんも多いものです。万が一飼い主さんの健康状態がすぐれなくなったときのために、あらかじめブリーダーに対応を相談しておいたり、引き取ってくれる後見人を見つけておくと安心ですね。犬種への理解を深めた上で、ぜひシー・ズーとの生活を楽しんでほしいと思います。

保護犬を迎える

**保護団体や行政機関で保護された犬を迎えるのも、
選択肢のひとつ。
その注意点と具体的な迎え方を紹介します。**

保護犬について知る

保護犬の特徴と気をつけたい点を確認します。

保護犬とは一般的に、何らかの事情で元の飼い主と離れて動物保護団体（民間ボランティア）や動物愛護センター（行政機関）に保護された犬を指します。保護犬には、健康上のトラブルを抱えていたり、警戒心が強い犬もいます。そのため、一度新しい飼い主（里親）が見つかってもうまくいかず、なかには保護団体に戻ってくるケースもあるようです。

そのようなミスマッチを防ぐためにも、各団体で定めているガイドラインに沿って慎重に里親希望者との話し合いを進めています。多くの団体では、事前に、里親希望者のライフスタイルや保護犬を飼う態勢についてヒアリング。その結果、飼育が難しいと判断したときは断ったり、当初の希望と別の犬をすすめることもあります。また、病気のケアやシニア期の介護ができるかどうかも重要です。

里親希望者には、保護犬の健康状態を伝えた上で、今後トラブルがある可能性についても説明。その後、譲渡へ進みます。保護犬に限らず、犬を飼うということは何が起こるかわからないためです。「5年後10年後まで、犬にも飼い主さんにもしあわせに過ごしてほしい」。それが保護活動を行っている団体の多くが持つ思いなのです。

保護犬との生活で大事なのは、「かわいそう」ではなく「この犬と暮らしたい」と思って迎えること。あまりかまえずに、迎える犬を探すときの選択肢のひとつとして検討してみましょう。

保護犬の迎え方

保護犬を迎えるための
基本の流れを
チェックしましょう。

※各段階の名称や内容は一例です。保護団体や動物愛護センターによって異なりますので、申し込む前に確認しましょう。

申し込み

保護団体や動物愛護センターで公開されている保護犬の情報を確認し、里親希望の申し込みをします。最近は、ホームページを見てメールで連絡するシステムが多いようです。

どこにどの犬種がいるかはタイミング次第なので、まずはシー・ズーのいるところを探しましょう

審査・お見合い

メールなどでのやりとりを通じて飼育条件や経験を共有し、問題がなければ実際に保護犬に会って相性を確かめます。
犬との暮らしは、楽しいことばかりではありません。現実をしっかり見つめた上で、その子を受け入れられるかどうか、とことん考えることが大切。お見合いは、そのための情報収集の機会でもあります。

譲渡会など保護犬とふれ合えるイベントも定期的に開催されているので、その機会にお見合いをするのもおすすめです

契約・正式譲渡

トライアルを経て改めて里親希望者・団体の両方で検討し、迎えることを決めたら正式に譲渡の契約を結んで自宅に迎えます。

トライアルのための環境チェック

保護団体では、トライアル開始前に、飼育環境などのチェックを行います。これは保護犬の安全と健康を守るために大切なこと。とくに初めて犬を飼う人の場合は、気をつけておきたいことがいろいろあります。

チェック例

- □ 家の出入りに危険はないか（玄関から直接交通量の多い道に飛び出す可能性がないかなど）
- □ 室内の階段やベランダなどの安全対策は十分か（危険なところにはゲートを付けるなど）
- □ 散歩の頻度
- □ トイレのタイミングと場所
- □ 留守番の時間はどのくらいか　　など

トライアル

お見合いで相性が良さそうだったら、数日〜数週間のあいだ試しに一緒に暮らしてみて、お互いの生活に支障がないかを確認します。期間は保護犬の状態に応じて変わることもあります。

保護犬を迎えるまで

里親希望者が
気をつけたいポイントは
次の通りです。

申し込み

里親の希望を出す前に、犬を飼った経験や飼育条件（生活環境や家族構成など）をまとめておきましょう。必ず担当者から聞かれるはずです。時には経済状況や生活スタイルの細かい点まで質問されることがありますが、里親と保護犬の快適な生活のために必要なことなので、できる限り対応してください。

また、人気のある保護犬だと複数の里親希望者が名乗り出ることがあります。そのときは団体（行政機関）側が希望者の飼育条件を元に最も適した人を選びますが、選ばれなくてもあまり気にせず「ほかにもっとぴったりの犬がいる」と思うようにしましょう。

最初の希望とは別の保護犬をすすめられることもあるかもしれませんが、それは団体や行政側が条件などを考慮した上で「この人（家庭）ならこの犬のほうが良さそう」と判断されたということ。「つねに家に人がいるなら留守番が苦手な犬でも大丈夫なのでは」などの理由があっての提案なので、柔軟に検討を。

保護犬との相性

飼育条件の確認で問題がなければ、対象の保護犬と直接会って相性を見る段階（お見合い）に移ります。その犬を預かって世話をしている預かりボランティア宅を訪問する場合もあれば、保護団体が開催する譲渡会（里親募集中の保護犬とふれ合えるイベント。主に里親探しと保護活動に関する啓発のために行う）で対面を果たす場合もあります。

初対面では保護犬は警戒していることが多く、すぐには近寄って来ないかもしれません。そういうときは無理をせず、犬のほうから近づいてくるのを待ちましょう。また、預かりボランティアや担当のスタッフから、その犬のふだんの過ごし方や病気・ケガの回復状況、飼うときの注意点などを直接聞いてみてください。

memo

先住犬がいるなら、
一緒に連れて行って
犬同士の相性も確認
してみましょう。

保護犬を迎えてから

保護犬ならではの注意点に
配慮して、できることを
少しずつ広げていきましょう。

保護犬との生活

犬は本来、適応力が高く、保護犬でもすぐ新しい環境になじむケースが少なくありません。

しかし保護犬、とくに成犬の場合は、以前に飼われていた家での習慣が身についていることもあります。飼い主は自身の生活スタイルに応じて、愛犬に新しく教えたり、習慣を変えさせたりしなければならないことも。反対に、飼い主側が自分の生活スタイルをある程度愛犬に合わせなければならないこともあります。

ブリーダーやペットショップから迎える場合と同じように、犬の様子を見ながら対応することが大事です。無理のない範囲で少しずつ距離を縮めていきましょう。

新しい環境に置かれた犬はまず、危険がないか周囲を観察します。そのあいだは手を出さず、食事やトイレなど最低限の世話だけして、犬が環境に慣れて自然と寄ってくるまで放っておくようにします。どれくらいの期間で慣れるかは犬によりますが、犬自身のペースに合わせることで信頼関係が生まれます。

もし健康管理やしつけなどで壁にぶつかったら、譲り受けた保護団体や動物愛護センターに相談することも可能です。多くの団体や行政機関では、譲渡後の相談を受け付けています。その保護犬を世話していた担当者やほかの里親さんがアドバイスしてくれるはずなので、協力をあおぎましょう。

保護犬には、複雑な事情を抱えている犬もいます。しあわせにするには、周りの人と協力して犬と向き合うことがカギになります。

Part3
シー・ズーの
トレーニングと行動学

飼い主さんと愛犬がお互い気持ちよく過ごすため、
トレーニングを行ったり、行動の理由を学んだりして
理想的な関係を築きましょう。

基本のトレーニング

飼い主さんと愛犬がお互い気持ちよく過ごすための
マナーを身に付けましょう。

クレートトレーニング

“ハウス”の合図で入り、
中で落ち着けるように
しましょう。

1 ワンコが立っても頭が天井に付かないサイズのクレートを用意。クレートが苦手なワンコの場合、扉や天井部分は取り外しておきましょう。まずは、飼い主さんがおやつを持っていることをワンコに教えて、クレートの奥に数個入れます。

2 クレートにワンコ自ら抵抗なく入るように、たくさんおやつを入れて。飼い主さんがワンコの体を無理に押し込むのはNG。飛び出しそうになったらオスワリさせ、さらにおやつを与えます。

3 クレートの入口で、手で「ストップ！」をかけつつ、ワンコがクレートから飛び出さないようにオスワリをさせながら、おやつを矢継ぎ早に与えます。ごはん1食分をこのトレーニングで使っても大丈夫。

4 クレート内にいることにワンコが慣れてきたらステップアップ。「オイデ」と呼んで、ワンコをクレートから出します。おやつはクレートの外では与えないのがポイント。

5 飼い主さんは「ハウス」と言いながら、おやつをクレート内に投げ入れて。ここまで来れば、ワンコにとってもクレートと「ハウス」の合図が関連付けられてくるでしょう。

6 クレートに扉を付けてレベルアップ。クレート内に香りが強めのおやつを仕込み、扉を閉めます。

7 ワンコのクレートに入りたい気持ちが高まったところで、扉を開けておやつを食べさせます。

8 ワンコの顔が扉のほうに向いたら、落ち着かせるためにまずはオスワリをさせます。それから、飼い主さんはごほうびのおやつを与えましょう。

9 扉を閉めて、扉越しにおやつを与えてください。その後、扉をそっと開け、オスワリをさせておやつを与え続けましょう。これで飛び出しも予防できます。

10 扉をカリカリ引っ掻くワンコの場合、クレートの上部をノックして、落ち着いたらおやつを与えるように練習します。

POINT

トレーニング開始から数日は、10分間クレート内にいられるのを目指し、少しずつ待機時間を延ばしましょう。クレートの中でごはんを与えるのもおすすめ。また、お仕置き部屋やお留守番など、嫌なことが起こるときにクレートを使うのはNGです。

トイレトレーニング

合図でオシッコができれば、
お互いストレスフリーで
過ごせます。

1 寝起き、飲食後、運動後など、オシッコが出やすいタイミングを見計らい、おやつでワンコをトイレに誘導します。

2 ワンコの四肢がトイレにすべて乗ってオシッコを始めたら、「ワンツー」などの声かけを続けて、合図と排泄行為をワンコに関連付けさせます。

3 トイレで排泄できたら大げさにほめ、ワンコが大好きなおやつを与えて。繰り返し練習すれば、合図でトイレをするようになるでしょう。

マット

愛犬の精神を
落ち着かせるのにも
役立つトレーニングです。

1 マットを敷いて、指さしやおやつでワンコをマット上に誘導します。

2　ワンコがマットの上に乗ったら、飼い主さんも心を落ち着けて「オスワリ」の指示を出します。

3　オスワリをしたら、ほめておやつを与えましょう。ここでは大げさにほめるとワンコの興奮が高まりすぎるので、静かにほめるのがコツ。

マテ

無駄吠えを予防して、
心にゆとりのあるワンコを
目指します。

1　“マット”をさせた状態で「マテ」と声をかけ、手をワンコの顔の前に出します。マットがあると行動制限をするという意図が伝わりやすいですが、なくてもＯＫ。

2　ワンコがもし動いたら「No ！」と軽く言い、飼い主さんの手のひらと体でワンコの行動を止めて、マットに戻します。

3　ワンコが動かずにいられたら、ほめておやつを与えます。待たせる時間を数秒から数分まで、少しずつ長くしていきます。

memo

レベルアップしたら、屋外やにぎやかなところでも、アシスタントやロングリードを使って練習してみましょう。

4　マテのレベルがアップしてきたら、マテをさせたまま飼い主さんが物陰に隠れたり、廊下や隣の部屋に行ったりします。ここまでできれば、「飼い主さんがいなくても大丈夫」とワンコの精神も安定してくるはずです。

POINT

マテのときに動いてしまいやすいワンコは、テーブルの足にリードでつなぐと練習しやすいでしょう。また、飼い主さんが隣の部屋に行くなど、ハイレベルな練習をするときも必要に応じてワンコをつないでください。

呼び戻し

「マテ」をマスターしてから練習を始めるのがおすすめです。

〈STEP1〉

1　アシスタント役に、ワンコの首輪やハーネスをそっと持っておいてもらいます。ワンコに「マテ」の合図をして飼い主さんは後方へ。

2　「マテ」の手の合図を出し続けたまま、飼い主さんは後ろに下がります。この際、アシスタントは声を発さずじっとしているのがポイント。

3　数メートルほど距離をとったら、飼い主さんはワンコを呼び戻す体勢に入ります。このとき、ワンコが動きそうになったら「マテ」と念押しの合図を。

4　ワンコの目を見ながら、飼い主さんは「オイデ」と呼び戻しましょう。この声と同時に、アシスタントはワンコの首輪から手を離してください。

5　ワンコが飼い主さんのそばに来たら、オスワリをさせておやつを与えます。座ることで、ごほうびをもらった後にどこかへ立ち去りにくくなります。

〈STEP2〉

1　アシスタントなしで、ステップアップを目指しましょう。「マテ」の合図を出して、ゆっくりとワンコから遠ざかります。

2　部屋の隅まで行っても待てるハイレベルなワンコの場合、飼い主さんは廊下や隣の部屋などへ姿を消してみてください。

＼オイデ！／

3 「オイデ」と、わかりやすい声でワンコを呼び戻して。難なくできるようであれば、ロングリードを着けて屋外で練習するのも良いでしょう。

4 ワンコがそばに来たら、飼い主さんのコントロール下にあると印象付けるためにもオスワリをさせて。それから、ほめておやつを与えます。

いつでもどんなワンコにも大切 〝社会化〟レッスンをしておこう

ワンコを迎えてから継続して行いたいのが、あらゆる人と犬や物ごとに慣れる〝社会化〟。散歩にはおやつを持参して、老若男女さまざまなタイプの人におやつを与えてもらい、誰でも平気なワンコに育てましょう。

ほかの犬に慣れるには、ワンコとは適度な距離をとりつつ、その飼い主さんからおやつをもらうのが効果的。犬同士の相性もあるので、誰とでも仲良くしなければならないわけではありません。同じような性格のワンコを選んで犬同士をふれ合わせると、仲良くなりやすいものです。ほかの犬に慣れてきたら、徐々にお互いの距離を縮めましょう。

来客や散歩で出会う人には、ワンコの頭上からではなく、鼻の近くにおやつを差し出してもらい“社会化”レッスンを。

シー・ズーの行動学

気持ちを確かめあうために大切なのは、
きめ細かなコミュニケーション。
愛犬との愛をさらに深めていくために、
「ワンコの言葉」の読み解き方を伝授します。

〈飼い主さんの力だめし〉

まずは①②の空欄を埋めてみましょう。
愛犬はこんなシチュエーションのとき、何を考えていると思いますか?

ワンコに言葉は通じる？

人間は、主に言葉で気持ちや考えを伝え合います。でも、言葉によるコミュニケーションが成立するのは人間だけ。ほかの動物にとってのコミュニケーションツールは、声のトーンや表情、動作など、言葉以外がメインです。「良い子ね～」と声をかけるとワンコが喜ぶのは、言葉の意味を理解しているからではなく、飼い主さんの様子から「ほめられているっぽい」と感じとっているからなのです。

「コラ！」と低い声や怖い顔でいわれれば、ワンコは「飼い主さんが怒っている」と感じます。でも、怒りの理由を正確に理解することはできません。つまり、オドオドしているワンコが、「スリッパを破壊したことを反省している」と思うのは勘違い。実際は、怒った飼い主さんを見て不安になっているだけなのです。同様に、叱られた後に飼い主さんの手をペロペロなめるのも、ワンコからの「謝罪」ではありません。怒っている飼い主さんをなだめるための行動です。

「スリッパを噛む→叱る」を繰り返すとスリッパを破壊しなくなることもあるのは、「これを噛むと飼い主さんが怒る」と覚えるから。でも、「なぜいけないのか」という理由まで理解しているわけではないので、「お父さんのスリッパは噛んでいいけれど、お客さま用はダメ」というルールを教えるのは難しいのです。

力だめしの解答例

①× 反省
○ ドキドキ、びくびくなど
②× ごめんなさい
○ 落ち着いてほしいなぁ、まあまあなど

ポイントは快 or 不快

ワンコの感情表現は人間ほどバリエーションが豊富ではありません。飼い主さんが目指したいのは、「快」「不快」を見分けることです。

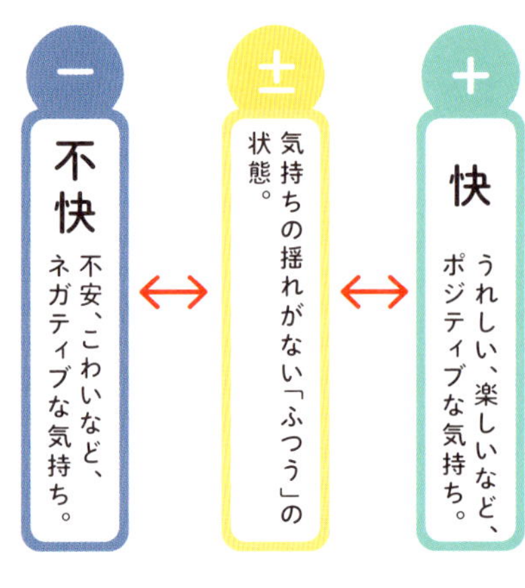

頭

・頭が上がっている。

・頭が下がっている。

耳

＋
・耳の付け根が少し前に出ている。（立ち耳の犬種の場合は、耳を立てて前へ向けている）

・耳の付け根が少し後ろへ下がっている。（立ち耳の犬種の場合は、耳を後ろへ寝かせている）

memo

飼い主さんや家族に対しては、「－」の動作が「＋」の意味になることもあります。

口

・口元に力が入っていない。
・口が軽く開き、舌が少し出ていることも

－
・口元が緊張している。
・くちびるをめくり上げて犬歯を見せている。
・口をダランと開けている。
・息が荒いこともある。

目

＋
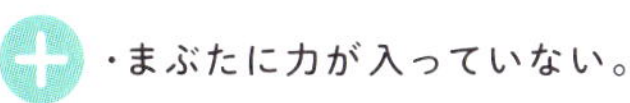
・まぶたに力が入っていない。

－
・白目が見えるほど目を見開く。
・目線を下げ、伏し目がちになる。
・眉間を寄せてしわができる。

姿勢

・足が伸び、体を高く保っている。

・背中を丸め、体を低くしている。

しっぽ

・自然な高さ、またはそれより高く上がっている。
・付け根からやわらかく振っている。

・高く上げ、動かさずに緊張させている。あるいは、小刻みに振っていることも。
・ダラリと下げている。
・しっぽを後ろ足のあいだにはさんでいる。

〈「快」の感情を読み取ろう〉

うれしい&楽しい

口元はリラックスしていて、耳の付け根が少し前へ。しっぽを上げ、パタパタとやわらかく、大きく振っている。

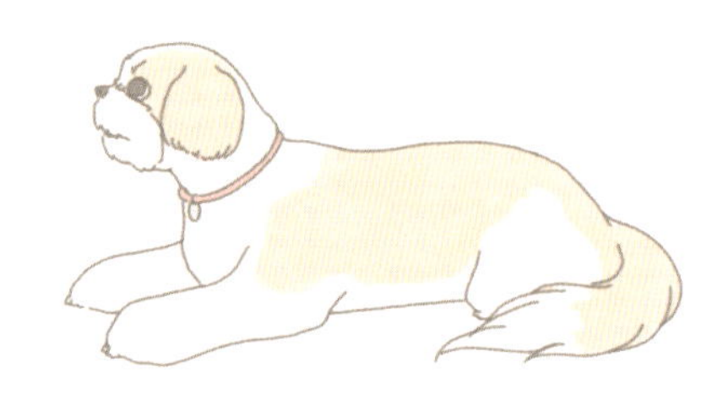

リラックス

楽な姿勢で脱力し、耳や目元にも力が入っていない。ウトウトしていることも。

こうしていると安心

お尻や背中を人の体にくっつけ、リラックスした姿勢&表情に。

大好き！　信じてるよ

人としっかり視線を合わせ、うれしい＆楽しい姿勢＆表情に。アイコンタクトをとれるのは、犬に信頼されている証です。

遊ぼう！

体の前側を低くし、お尻を上げる。耳の付け根が少し前に向き、しっぽを上げてパタパタとやわらかく、大きく振る。

シー・ズーはマズルが短い上に毛が長いため、表情を読み取るのは少し難しい犬種です

〈「不快」の感情を読み取ろう〉

怖いよ～

しっぽを下げて後ろ足のあいだにはさみ、腰が引けている。耳の付け根が後ろへ下がる。身を守ろうと、犬歯を見せることも。

警戒中！

体が緊張し、耳の付け根がやや前へ。片方の前足を軽く上げることも。しっぽは振らずに上げてキープ。あるいは、小刻みに振っていることも。

しょんぼり＆がっかり

しっぽがダラ～ンと垂れ、耳の付け根が少し後ろへ。背中を軽く丸め、頭を下げる。表情も伏し目がちに。

不安なんですけど……

飼い主さんの手や口元をしつこくなめ続ける。

攻撃の準備中！

胸を張って体を緊張させ、基本はしっぽを振らずに上げてキープ。犬歯を見せ、低い声でうなることも。

降参です……

仰向けになってお腹を出す。耳の付け根を後ろへ引き、しっぽは後ろ足のあいだに巻き込む。しっぽを小刻みに振っていることも。

〈応用編・気になる行動の理由を知ろう〉

うれション（おもらし）

うれしい！　楽しい！　などとハイになりすぎて一種のパニック状態に陥り、排泄のコントロールがうまくいかなくなるために起こります。

人へのマウンティング

「こうするとかまってもらえる」と学習しており、気を引くために行うことがほとんど。オスなら、ホルモンの影響による行動の場合も。

首をかしげる

気になる音をキャッチしたとき、「どこから聞こえるのかな？」と音の出所を探ろうとしています。そのほか、疑問がある状況でも首をかしげます。

「服従」のサインでは
ありません

誰にでもお腹を出す

「降参（P41）」のようにしっぽを足のあいだに巻き込んでいない場合は、「お腹をなでて」という要求。なでるのをやめると、ワンコが不機嫌になることも。

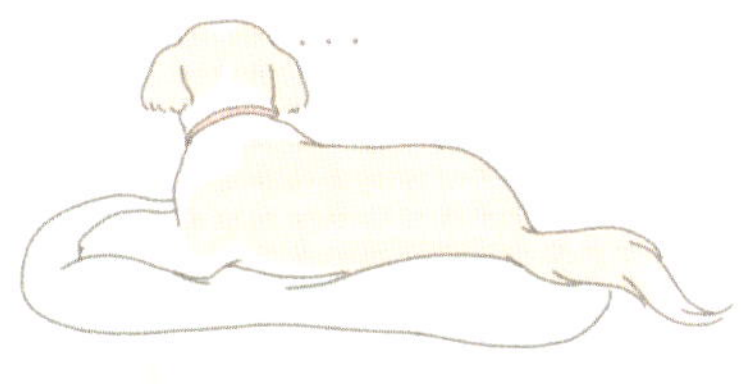

嫌われたわけでは
ありません

呼んでも来ない

眠くてぼんやりしていたり、ほかに気になることがあったりすると、呼びかけに応えないことも。しつこくせず、そっとしておいてあげましょう。

ワンコの気持ちは、体のさまざまなパーツに同時に表れます。特定の部位だけに注目するのではなく、全身を観察しましょう

〈ワンコの行動読解力テスト〉

いたずらをするワンコへのアプローチとして適切なものを、ア～ウから選びなさい。

ア　怖がらせると心を閉じてしまうので、笑顔＆やさしい口調で「ダメでしょ！」と叱る。

イ　俳優になったつもりで、怖い顔＆低い声で「ダメでしょ！」と叱る。

ウ　物を片付けるなどして、いたずらできる状況をつくらないようにする。噛まれたくないものを噛んでいるときは、サッと取っておしまいにする。

正解

ウ　ワンコがいたずらできない状況を整えることが何よりの予防です。

Part4

シー・ズーの
お手入れとマッサージ

美しい被毛をキープするには、日々のお手入れが
欠かせません。体のお悩みに合ったマッサージも
取り入れて、健康維持に役立てましょう。

基本のお手入れ

シー・ズーの美を保つには日々のケアが重要。
その第一歩として、お手入れの基本を学びましょう。

お手入れが必要な理由

自宅でのケアの基本は、ブラッシング。毛の流れを整えて美しさを保ち、毛玉を予防・改善するのがねらいです。ブラッシングする際は、全身の肌の状態や体の動きをチェックするのも忘れずに。

とくにていねいにケアしたい部位

動くときに毛がこすれる脇と鼠径部、毛が細いためにもつれやすい耳の後ろなどは、とくに毛玉になりやすいところ。毎回、念入りにお手入れしましょう。

接するときのポイント

毎日のブラッシングは、飼い主さんとワンコがスキンシップを楽しむ時間でもあります。お手入れが苦手な子でも、やさしく声をかけながら続けるうちに「飼い主さんにケアしてもらう気持ち良さ」に気づくはずです。

お手入れのスケジュール

シー・ズーは皮脂が多めなので、シャンプーは約3週間に1回が理想。ブラッシングは、毎日欠かさず行いましょう。

〈基本の道具と使い方〉

短めの子なら、スリッカー&コームで。
全身、または耳だけ長くしているなら、ロングの部分はピンブラシを使います。

スリッカーブラシ

短めにカットしている部分に使います。飼い主さんが使うなら、金属製のピンの先端にゴム製の玉が付いているものがおすすめ。ワンコの皮膚を傷つけにくいので、安心して使えます。

親指と人さし指、中指で、柄の真ん中あたりを左右から挟むように軽く持ちます。ピンが出ている面が皮膚に平行に当たるようにし、力を入れすぎずに軽くとかしましょう。

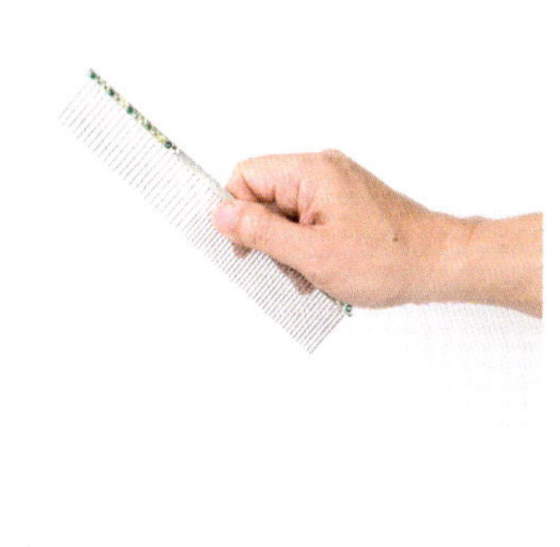

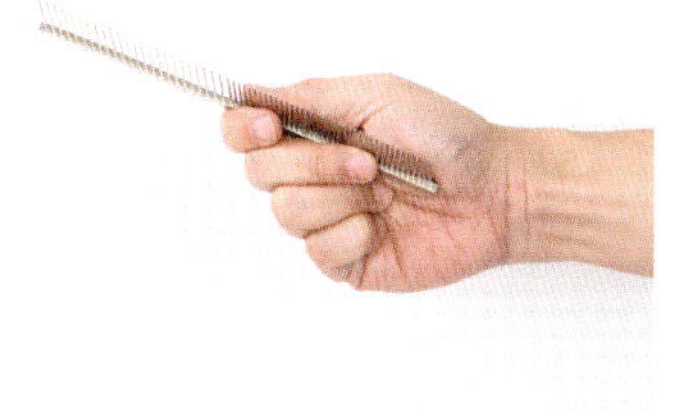

コーム

スリッカーやピンブラシでとかした後、同じところにコームを入れ、引っかからないことを確認します。ステンレス製で、目の粗さが上下で異なるものが一般的です。

自宅でのケアなら、目が粗い側でとかします。コームの真ん中あたりを親指と人さし指で持ちます。力を入れず、コームそのものの重みを活かしてとかしましょう。

柄にくびれがある場合

柄にくびれがない場合

ピンブラシ

毛の長い部分をとかすときに使います。ピンの先端にゴム製のボールが付いているものがおすすめ。ボールが付いていない場合は、ゴムの部分がやわらかく、クッション性が高いものを。

柄がくびれている部分を親指、人さし指で軽く持ってとかします。柄にくびれがない場合は、柄を軽く握って親指をブラシの背に当て、とかす際は親指だけに力を入れます。

基本

飼い主さんは足を伸ばして床に座ります。足の上やあいだにワンコを座らせ（立たせてもOK）、左手で軽く抱き寄せるようにして体を押さえます。

とかすときの姿勢

ワンコがリラックスできれば、どんな姿勢でもOKです。

お腹や足の内側をとかすとき

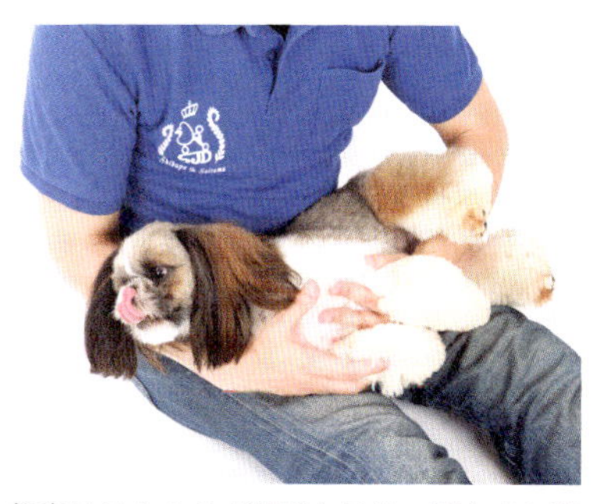

仰向けになるのが苦手な子は、横向きに寝かせ、上側の足を軽く持ち上げながらとかします。

飼い主さんは足を伸ばして床に座ります。足の上やあいだにワンコを仰向けに寝かせます。

NG

足先を持って後ろ足で立たせたり、そのまま引っ張り上げるように抱いたりするのはやめましょう。じつは、ワンコが痛い思いをしているかも。

抱き上げるときの注意

うっかり無理なポーズをとらせないように注意して。

OK

ワンコの近くでしゃがみ、片方の手を体の下、もう片方を胸のあたりに添えます。

ワンコの体を飼い主さんに引き寄せて安定させ、ゆっくりと立ち上がります。

とかし方の基本

毎日のケアは飼い主さんの
腕の見せ所です！

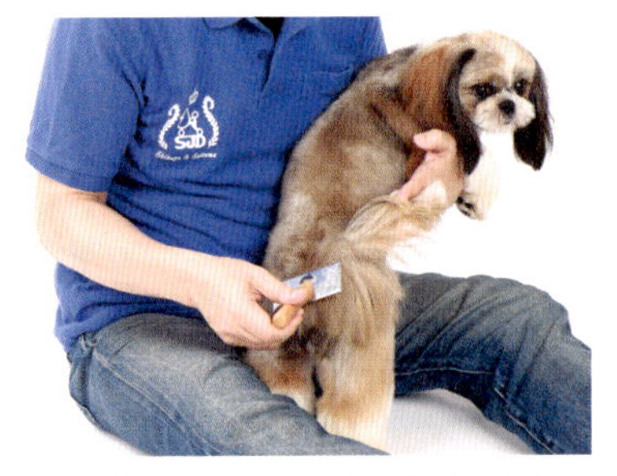

1　ブラッシングは、必ず被毛の流れに沿って行います。部位によって毛の向きが違うので、よく見ながらブラシの向きを調節しましょう。

2　長い部分をとかすときは、毛の根元を左手で押さえて。ブラシが引っかかったとき、皮膚が引っ張られて痛い思いをするのを防げます。

3　コームを皮膚に対して垂直に当てると、「コラ、痛い!」と叱られます。皮膚に対して斜め（20～30°ぐらいのイメージ）に当てましょう。

〈体の動かし方〉

× NG

前足を外側に開くように持ち上げるのは×。肩より上には絶対に上げないで。

○ OK

ワンコの肩関節は前後に動く構造になっているので、前足を上げるときは足を前へ！

脇のとかし方

とくに服を着せる子は
毛玉ができやすい部分です。

方法1

飼い主さんの足の上で仰向けまたは横向きに寝かせてとかします。前足の付け根の内側をスリッカーでていねいにとかし、仕上げにコームを通して毛玉がないことを確認します。

仰向けや横向きになるのが苦手なら、立った姿勢でとかしてもOK。前足を前へ持ち上げ、付け根の内側をスリッカー→コームでていねいにとかします。

鼠径部のとかし方

ポイントを押さえて、
必要なケアをしてあげましょう。

足の上で仰向けまたは横向きに寝かせ、後ろ足の付け根の内側をスリッカー→コームでとかします。毛がもつれやすく、排泄の際に汚れることもあるので、ていねいに！

足の上より床でゴロンするほうがお好みの場合は、もちろん床の上でとかしてもOK。ワンコにとって居心地の良い場所＆リラックスできるポーズで行いましょう。

耳のとかし方

耳の表だけでなく、
裏や後ろ側もとかします。

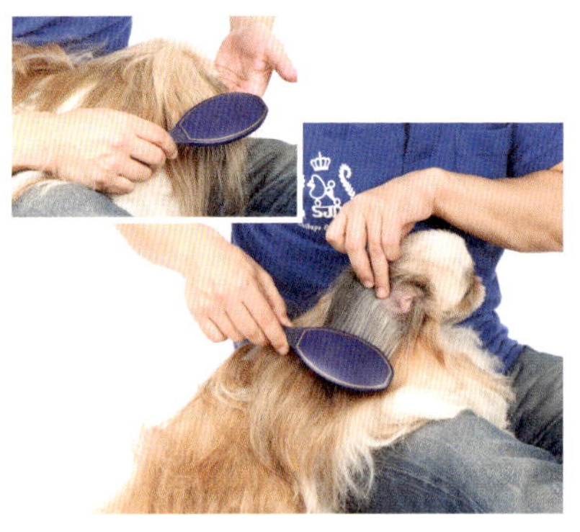

1 耳の毛を、表と裏からとかします。手のひらに耳を乗せて被毛を広げ、ブラシの下に左手を添えて、ピンブラシやスリッカーを通しましょう。

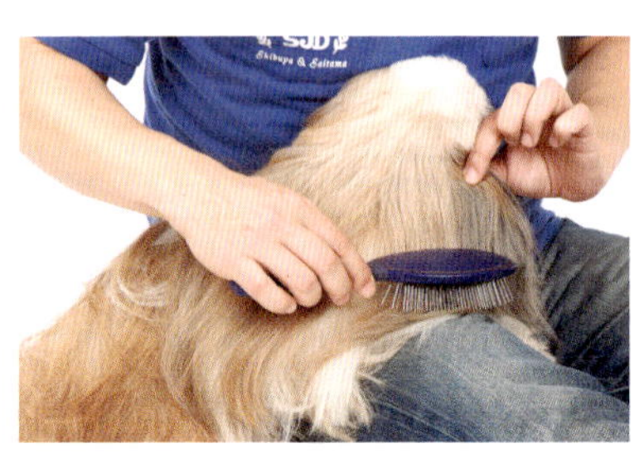

2 耳の毛を分けて前側へ寄せ、耳の付け根のすぐ後ろの被毛をとかします。この部分は毛が細く毛玉になりやすいので、ていねいに。耳と耳の後ろをコームでとかして仕上げます。

毛玉ができていたら

皮膚の健康のためにも、毛玉は
取っておきたいところです。

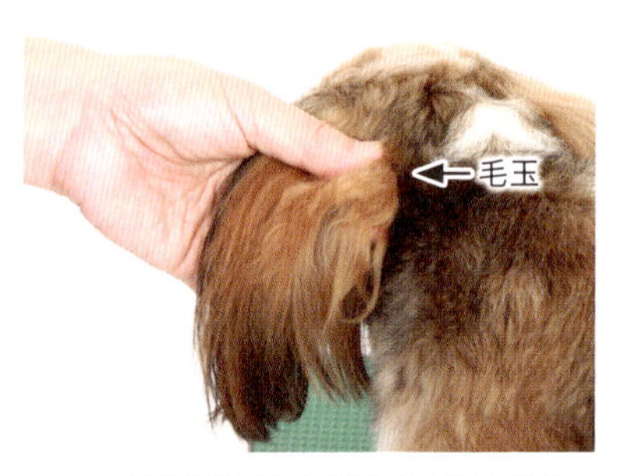

1 毛玉を発見した部分を上にたどり、根元のほうで毛をしっかり押さえます（この後の作業で耳の皮膚が引っ張られないようにするため）。

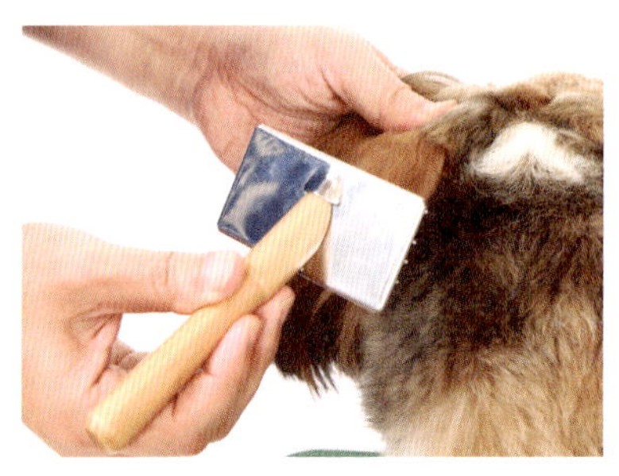

2 スリッカーで上から軽くたたくようにして、毛玉（毛束に絡んでいる抜け毛）を少しずつ下へずらします。

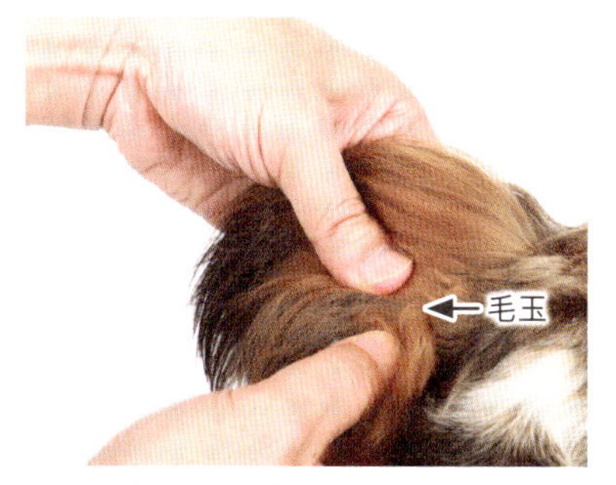

3 毛玉が浮き上がったら、毛玉の少し上を両手で持って毛束を左右に裂きます。

4 毛玉が緩んで下にずれたら、スリッカーでとかして取りのぞきます。

POINT

寝るのを嫌がるときの対処法

膝の上で落ち着かせたいときは、前足の付け根の関節（肘）をやさしく、でもしっかり握ってみて。「あれ？　動きにくい」と気づくと、意外にあっさりあきらめてくれます。握った前足を飼い主さんのほうに引っ張らないよう注意して。

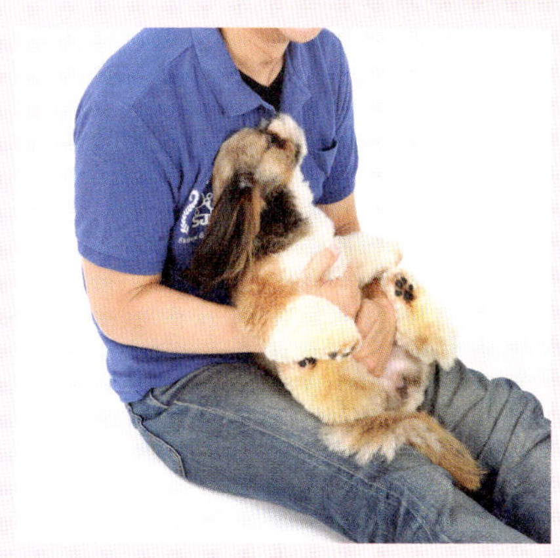

それでもジタバタするときは、抱っこしてお腹をポンポンからスタート。毎日、少しずつ続けるうちに信頼関係が深まり、ゴロンとお腹を出してくれる日がやってきます。

涙やけ&ヨダレやけ

こまめにふいてあげるのも、
飼い主さんの務めです。

涙やけ対策の基本

涙で湿っているときは、乾いたコットンで軽く押さえて水分を取ります。その後、クリーナーを付けたコットンで毛の流れに沿ってふきましょう。

ヨダレやけ対策の基本

クリーナーを付けたコットンで毛の流れに沿ってふきます。下あごの犬歯が当たるあたりは、とくに汚れやすいところ。唇をめくって、きちんとふきます。

目のケア

お手入れの後、抜け毛などが
入っていたら目薬を。

タイプ1

オスワリをしたワンコと向き合い、左手であごをしっかり支えます。目薬を持った右手の中指でまぶたを押し上げ、目頭のほうに点眼します。

タイプ2

オスワリをしたワンコと向き合います。左手の中指〜小指を下あごに添え、親指と人さし指で下まぶたを軽く引っ張って、目頭のほうに点眼します。

シー・ズーのためのヘアアレンジ

シー・ズーのカットはショート～ミディアムが主流ですが、
耳だけは長めにしたい！　という飼い主さんのために、
いつもと違うかわいさが見つかるアレンジを伝授します。

〈用意する道具〉

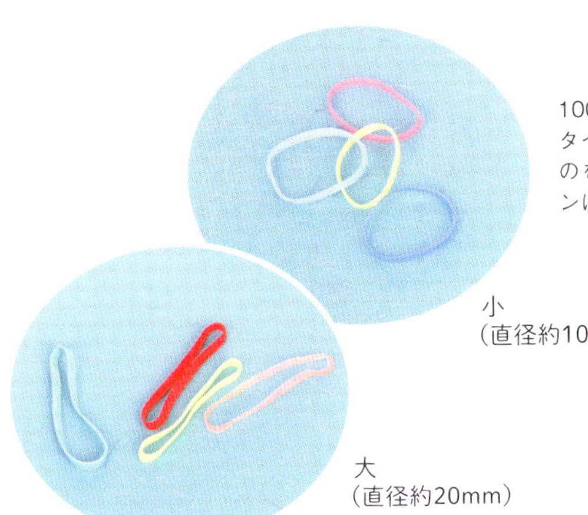

小
（直径約10mm）

大
（直径約20mm）

ヘアゴム

100円ショップでも買える「からまないタイプ」がおすすめ。カラーミックスのものを選ぶと、その日の気分やファッションに合わせたおしゃれが楽しめます。

〈アレンジ前の準備＆チェック〉

毛の流れを整えておく

耳の被毛をとかし、毛のもつれを取っておきます。コームが引っかからずにスッと通るまで、ていねいにとかしましょう。

耳たぶの位置を確認

耳の縁の位置を確認します。耳の被毛のあいだにコームの持ち手側を通し、耳の先端にふれるところまで動かしてみるとよくわかります。

〈アレンジ後の注意&ケア〉

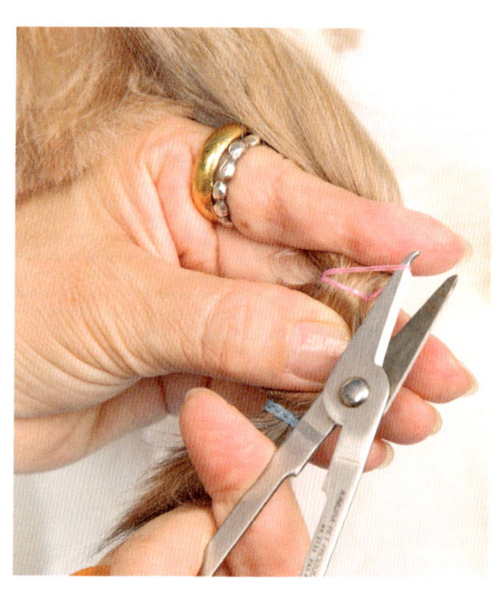

ゴムは切って外す

ゴムを毛束の下に引っ張ると切れ毛や抜け毛の原因になり、ワンコに痛い思いをさせてしまうことも。外すときはゴムを切るようにしましょう。まゆ毛用などの小さなハサミがおすすめです！

アレンジは1日限定

結んだままにしておくと毛を傷めたり、もつれて皮膚まで引っ張られたり。夜寝る前には必ずゴムを外し、コームでていねいにとかします。

玉ねぎヘア

毛を直接ゴムで結ぶので、
痛みがないよう気をつけて。

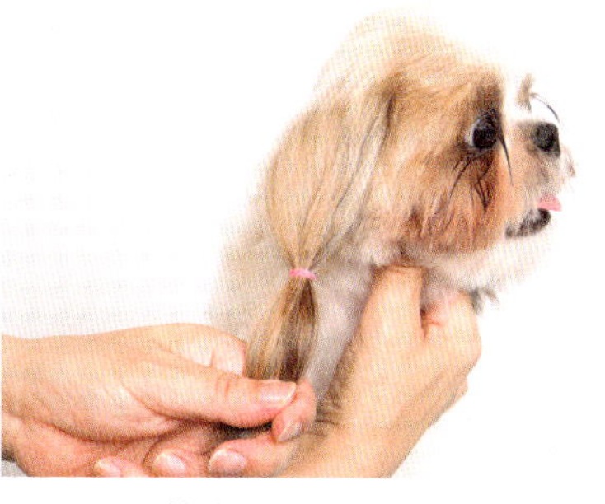

1 耳の被毛をまとめて持ち、耳の先からの少し下あたりを目安にゴム（小）で結びます。毛の量に合わせて、ゴムは２重～３重に。

2 ①の4 ～ 5cm下で、もう一度結びます。

3 ①と②のあいだの被毛を指先でほぐすように広げ、丸く整えます。

紐アレンジ風ツインテール

アレンジはやさしく、手早く行うのがポイントです！

1　耳の被毛をまとめて持ち、耳の先端から少し下あたりを目安にゴム（大）をかけます。

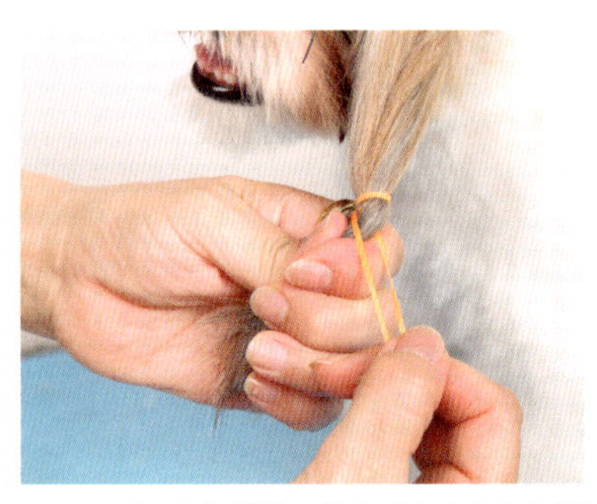

2　ゴムをねじり、①のゴムより少し下にかけます。

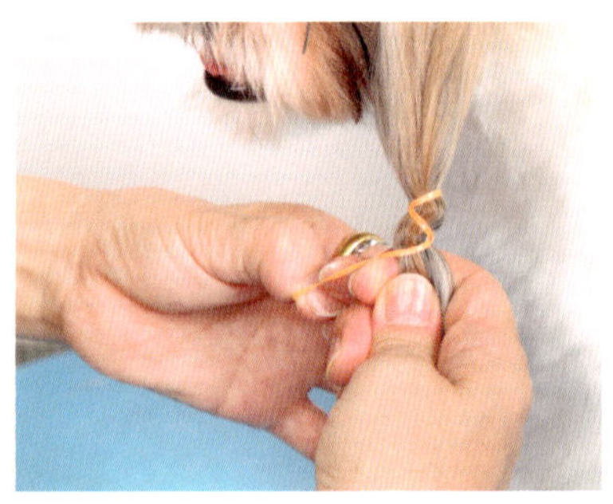

3　もう一度ゴムをねじり、②より少し下にかけます。

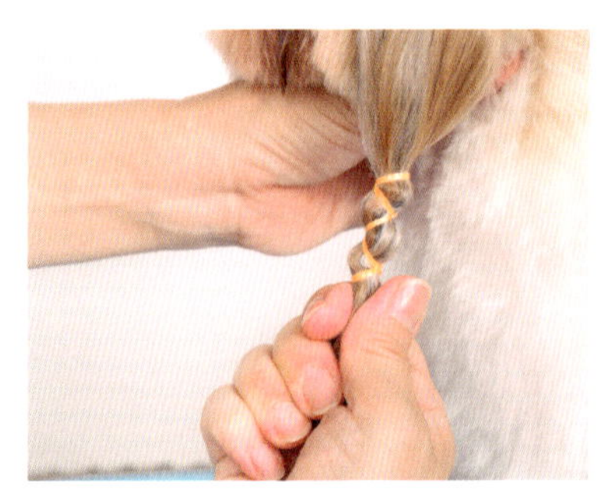

4　できるところまで②〜③をくり返し、結び目の形を整えます。

おだんご風 クルクルヘア

ゴムは使い捨てと考えて、
アレンジを楽しみましょう！

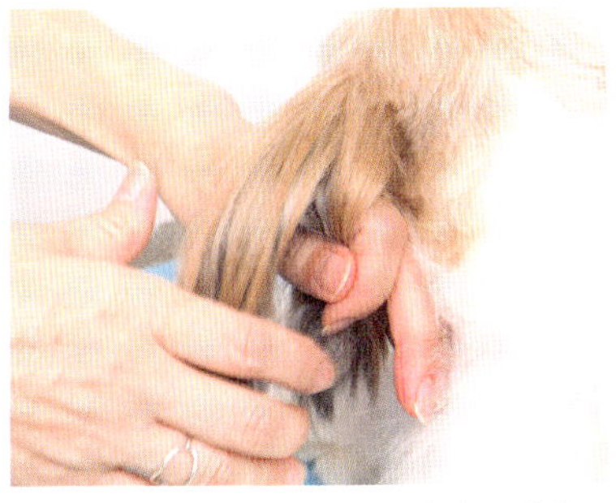

1 耳の被毛を3等分し、中央の毛束を上に出します。左右の毛束はまとめて下で持ちます。

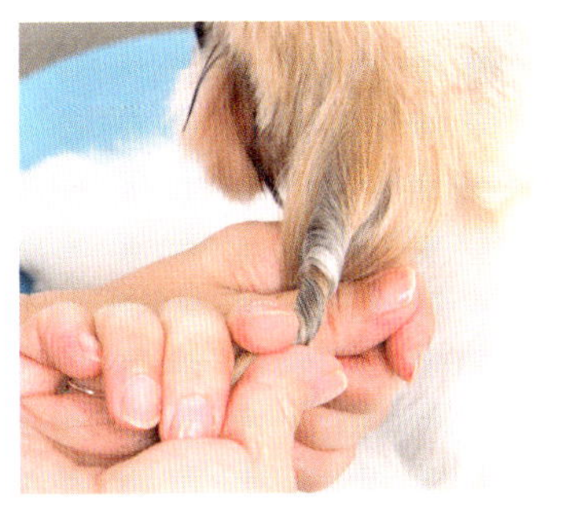

2 上に出した中央の毛束をくるくるとねじります。耳の皮膚まで引っ張らないよう、適度な強さで。

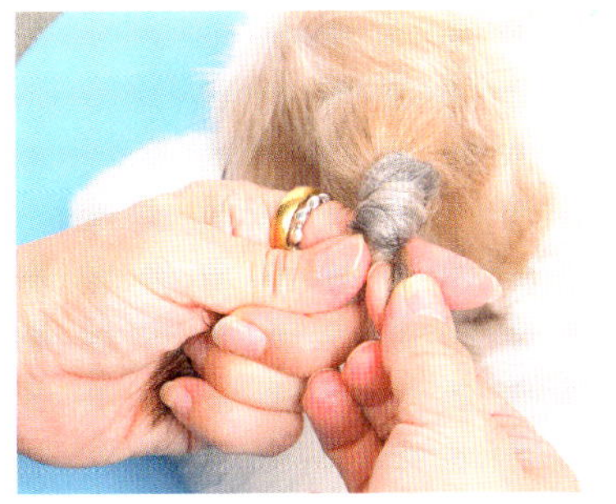

3 下の毛束の耳たぶより下に②を巻き付け、巻き終わりをゴムで結びます。巻くときは耳の前側から後ろ側へ。

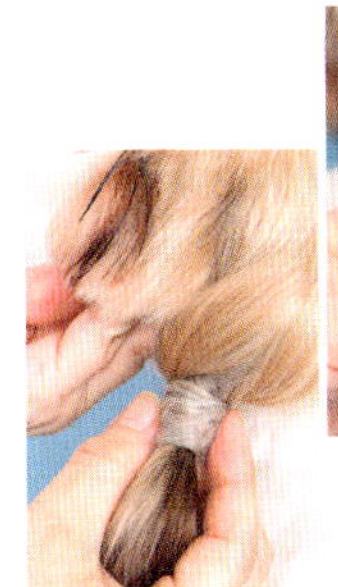

4 巻き終わりをゴムで結んだ後、巻きつけた毛束を軽く引き下ろしてゴムを隠します。

シャンプー&ドライング

シャンプーはトリミングサロンにお願いするのが基本ですが、
自宅で行う場合はこの手順を参考にしてください。

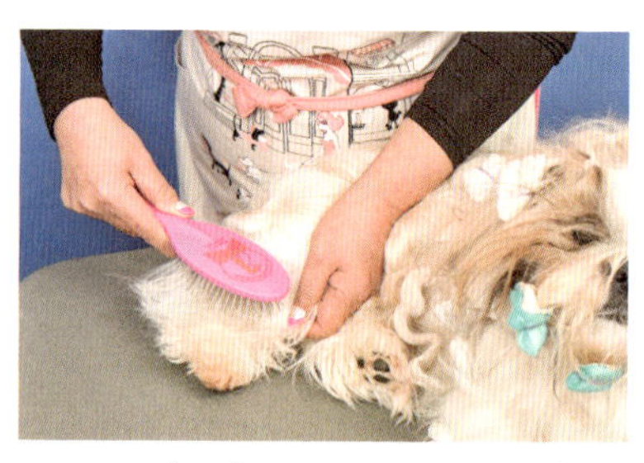

1　まずはブラッシングから。スプレー（静電気防止効果のあるもの）をかけ、ピンブラシで右の後ろ足をとかします。上からかぶさる毛を持ち上げておき、下（内側の毛）からとかし始めます。

2　毛を薄く下ろしながら、上（表面の毛）のほうへブラッシングを進めます。毛の表面だけとかすのではなく、ピンを犬の皮膚に確実に当てるようにします。

3　ブラシが通りにくいところは無理にとかさず、いったんブラシを抜いて絡んだ毛を指でほぐしてからブラッシングします。後ろ足をとかし終えたら、スプレーをかけてからボディの右側をブラッシングします。

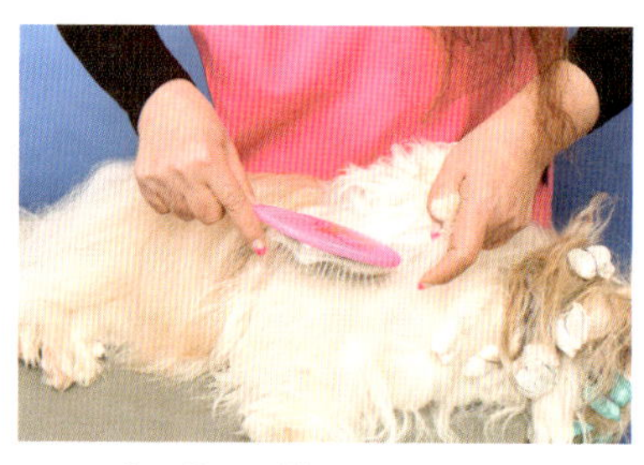

4　①～③と同様にボディと四肢の両側をとかし終えたら、腹部もとかします。毛玉ができやすい脇もていねいにブラッシングしておきます。

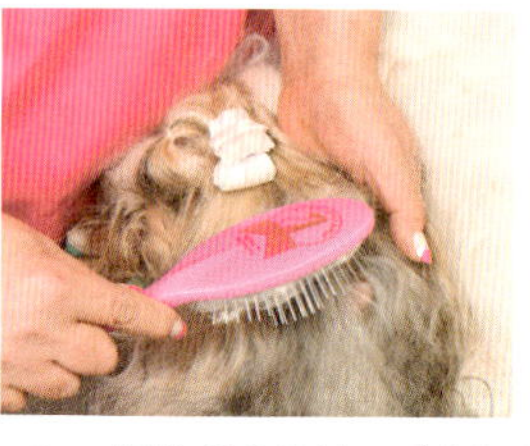

5　耳や頬の毛は、ブラシの下から左手を添えてとかします。

POINT

ピンブラシは軽く持ち、面全体を当てるようにします。ブラシの縁を当てると、1点に力が加わりすぎて毛が切れたり、犬に痛い思いをさせることになるので注意。

6 頭部をブラッシングします。枕に犬の頭を乗せてとかすと良いでしょう。マズル周辺だけは、コームでとかします。

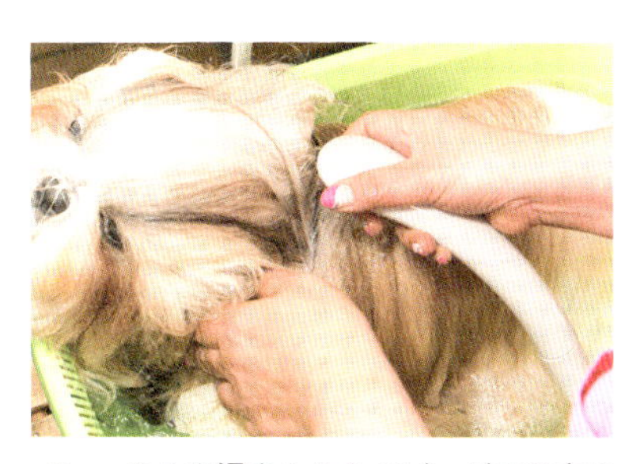

7 ぬるま湯をためたベビーバスの中に犬を立たせ、シャワーで全身を濡らします。全身が濡れたらお湯を抜き、肛門腺を絞ります。

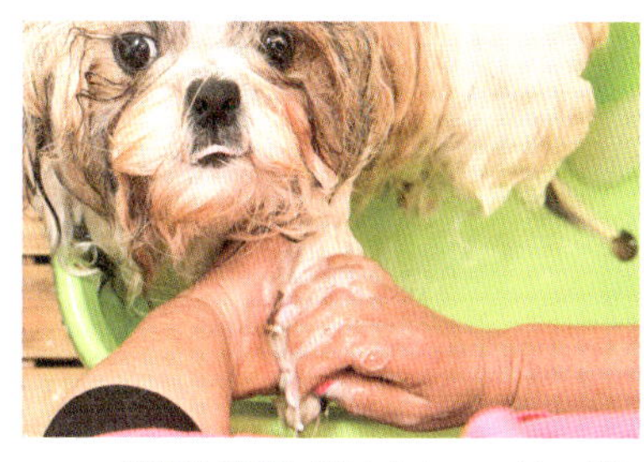

8 適切な濃度に薄めたクレンジングシャンプーで、汚れやすい足先から洗っていきます。

9 ボディにクレンジングシャンプーをかけます。指の腹で皮膚をマッサージするように洗います。腹部も忘れずに。

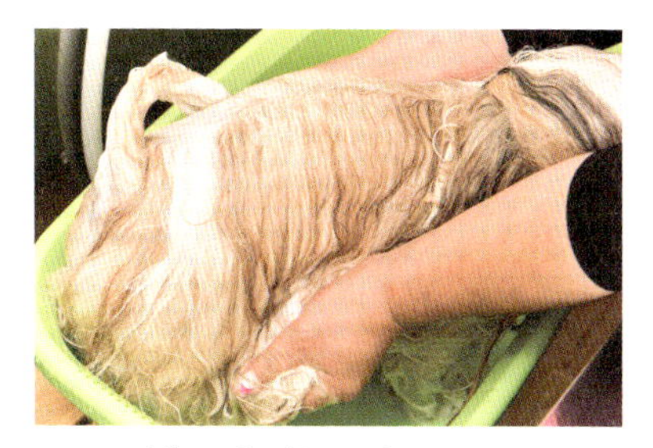

10 毛先は手で握り、軽くもむように洗います。

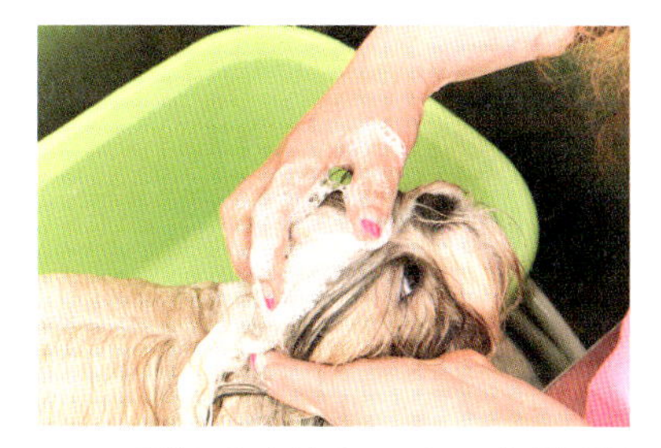

11 指先に泡を付け、ストップ（前頭部とマズルの付け根のあいだのくぼみ）を親指の腹でこすり洗いします。

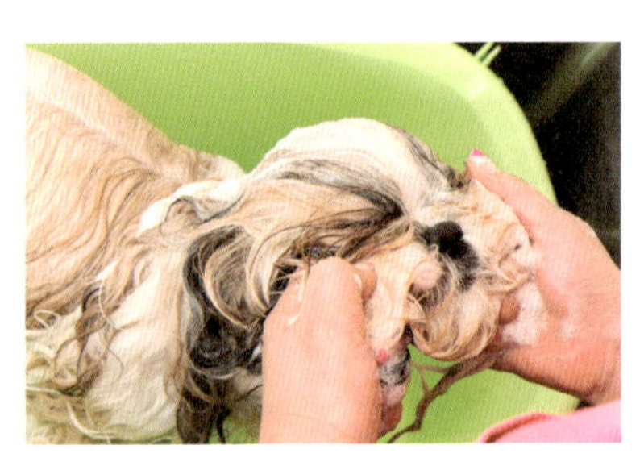

12　頭部と顔の毛は、毛先を手で握って軽くもむように洗います。

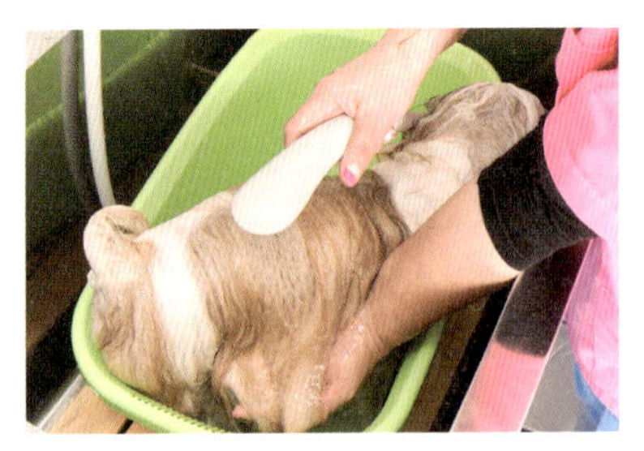

13　クレンジングシャンプーをすすぎます。ぬるぬる感がなくなるまで、シャワーで十分にぬるま湯をかけながら洗い流します。

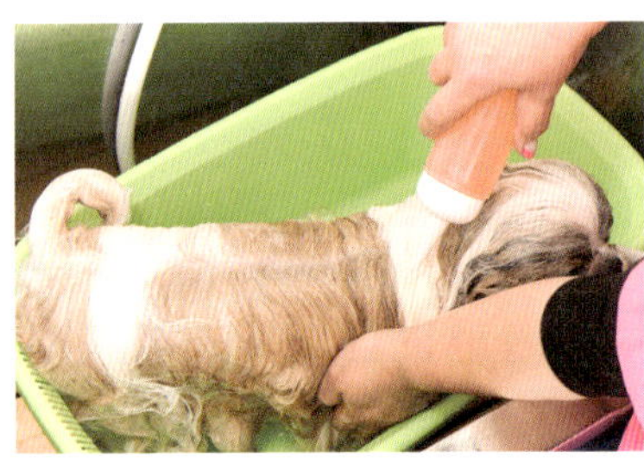

14　2回目のシャンプーをします。⑧〜⑬と同様に、適切な濃度に薄めたシャンプー（クレンジングシャンプーではなく通常のタイプ）で全身を洗い、十分にすすぎます。

memo

シャワーのお湯を左手で受け、手のひらにためたお湯に毛先を浸すようにしながらすすぎます。こうすると効率良く泡を洗い流せます。

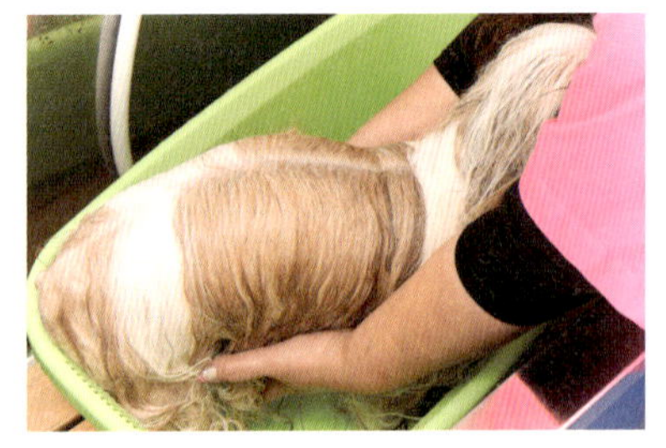

15　トリートメントを手に取って伸ばし、毛先から付けていきます。表面だけでなく、内側の毛にもしっかりトリートメントをなじませます。

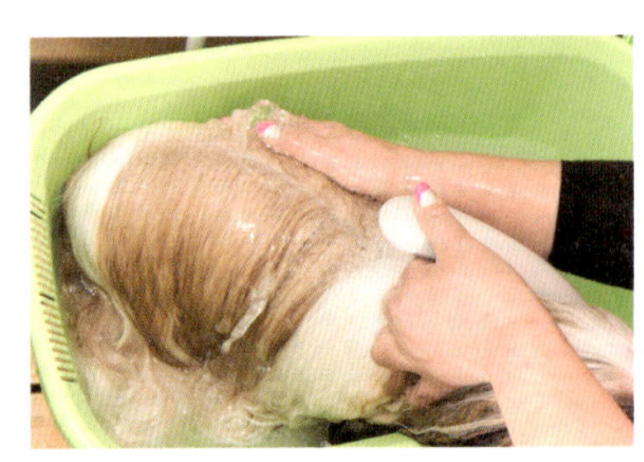

16　ベビーバスに栓をした状態で、シャワーでお湯をかけます。たまったお湯を手でかけ、毛の内側までトリートメントを浸透させます。

17 静電気防止のために、さらに適切な濃度に薄めたリンスをかけます。ベビーバスのお湯を抜き、シャワーで十分にすすぎます。

memo

お湯をためておくと、すすぎのあいだもトリートメントを含むお湯に毛先を浸けておくことができます。

18 毛束を手で握るようにして水気を絞ります。

19 タオルを敷いたテーブルに犬を移し、別のタオルを体にかけます。ボディなどは手のひらで押さえ、長い飾り毛はタオルの上から握るようにして水気を取ります。

memo

ドライングの前に、できるだけ水気を取っておくことが大切。タオルを2〜3枚使い、毛の水分をしっかり吸い取っておきましょう。

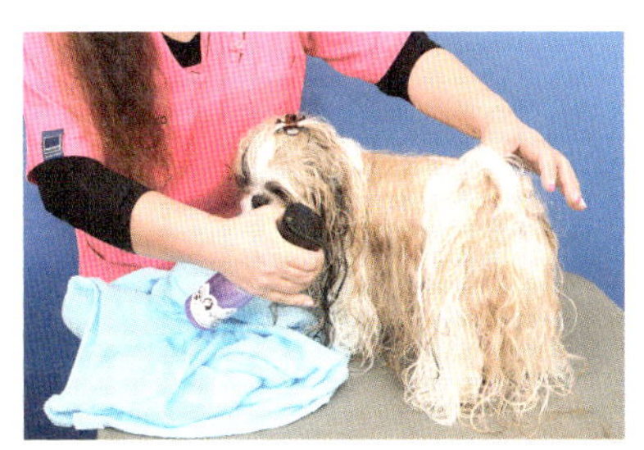

20 テーブルに敷いたタオルを外し、頭部以外にスプレーをかけます。

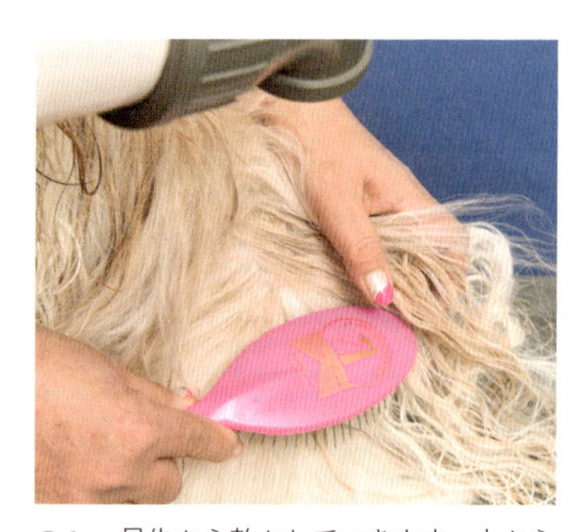

21 足先から乾かしていきます。上からかぶさる毛を押さえ、ピンブラシでとかしながら風を当てます。下（内側の毛）から上（表面の毛）へ向けて乾かしていきます。

22 ドライヤーの風は、必ず上から下へ。皮膚までしっかり風を通します。1か所を完全に乾かしてから次のパートへ移動します。

23 ブラシが引っかかったらいったんブラシを抜き、絡んだ毛を指でほぐしてからブラッシングします。

24 ボディと四肢が完全に乾いたら、頭と耳にスプレーをかけて耳を乾かします。表と裏からそれぞれ風を当てます。

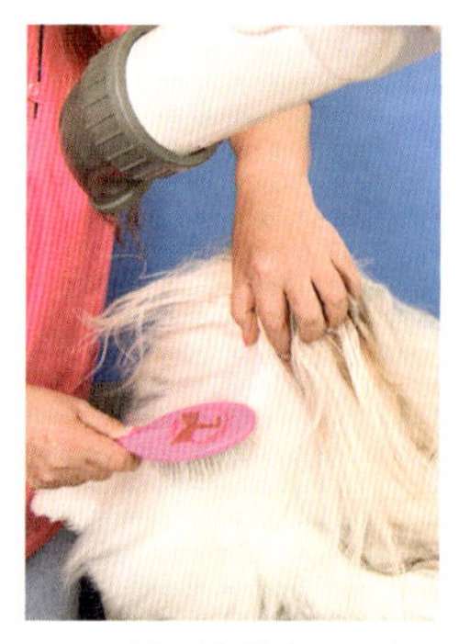

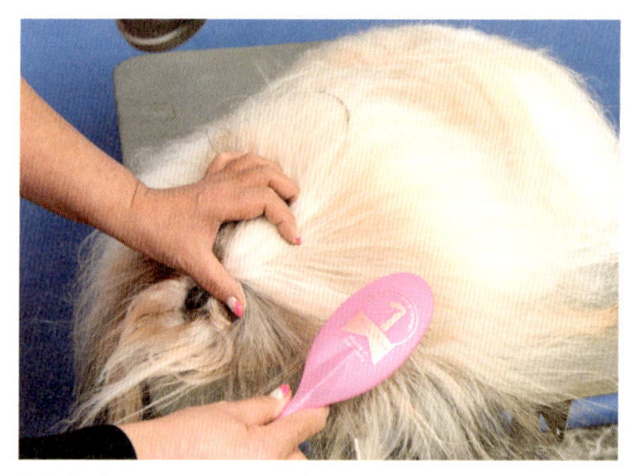

25 風が直接当たらないよう目を左手でおおい、頭と頬を乾かします。続けて、下あご～のどを乾かします。

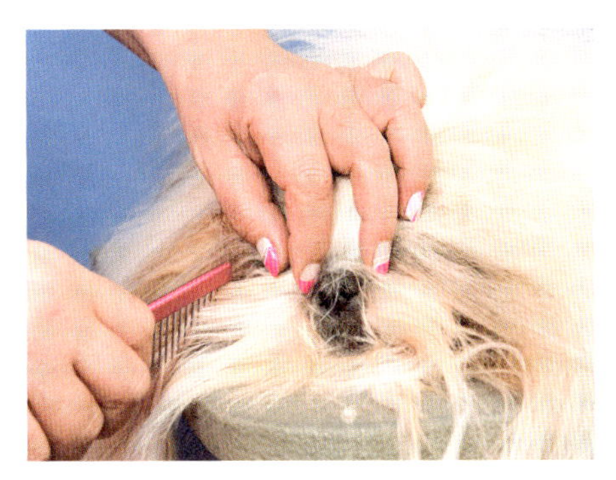

26 風を弱め、マズル〜目の下の毛をコームでとかしながら乾かします。

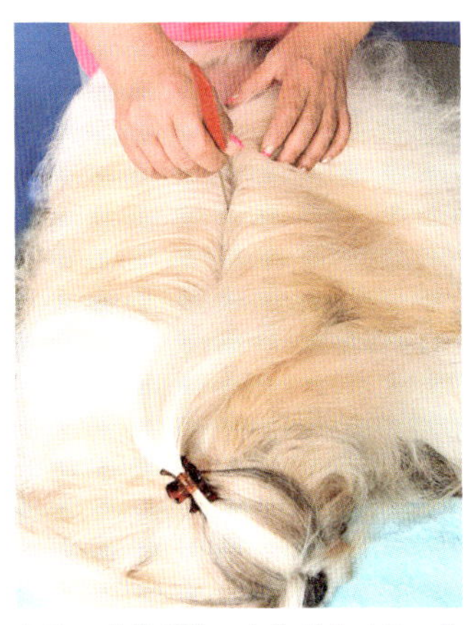

27 全身が乾いたらドライヤーを止め、背骨のラインに沿って毛を分けて、リングコームで真っ直ぐに分け目を付けます。

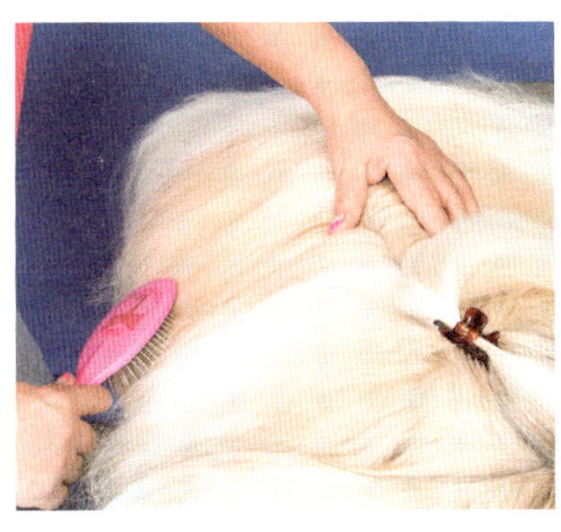

28 分け目から左右へ、ボディをピンブラシでブラッシングします。

29 ブラッシング〜シャンプー〜ドライングが終了した状態。

犬にはリラックスできる
姿勢をとらせて、
スキンシップを
楽しみながら
お手入れをして
あげましょう

カット・スタイル8選

とびきりかわいい、とっておきの8スタイルを集めました。
トリミングサロンでのオーダーの参考にしてください。

全体的にボリューム感を出したスタイル。付け根を絞ってやや裾広がりにした前肢がポイントです。やわらかい毛質のため、ふわふわ感が出るのでおすすめ。

出典：『ハッピー＊トリマー』vol.84（緑書房）

顔をなるべくコンパクト＆丸く作ったスタイル。
耳は縁ぎりぎりの長さで、頬の両サイドでコロンと揺れるイメージです。
四肢はなるべく真っ直ぐに見えるようカットされています。

Style 2

足バリあり＆全体短めカットのすっきりスタイル。耳の毛は減らさずに残し、
コームで逆毛を立てました。ブラッシングスプレーと
ドライヤーを使うと、無造作セットが長持ちします。

Style 3

真ん丸仕上げのフェイス・ラインと、短くクリッピングした耳が、
子犬のような無邪気な表情を演出。四肢は円柱状になるよう、
付け根から足先まで同じ太さにそろえています。

Style 4

頭頂部で結んだ毛束が空気を含んで広がり、顔周りを華やかにします。
クリッピングしたボディと、ベルボトム風に仕上げた
ボリュームたっぷりの四肢とのバランスが絶妙。

Style 5

ボディはスキバサミ使用で、あえて毛先のふぞろい感を出します。
まつ毛の毛流をアイラインのように見せることで、目力をアップ。
女の子らしさを意識した、愛されスタイルです。

side

Style 6

耳の付け根で毛をねじり、ピンで留めると猫耳風のアレンジができます。
四肢は「フレアスカート」をイメージして、大きめの裾広がりにカット。
歩いたときのかわいらしさは格別です。

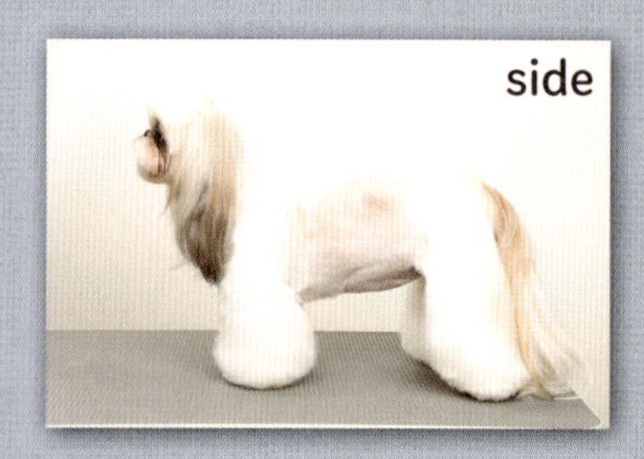

Style 7

頭部の毛は伸ばさずカットすることで、「ロング・コート」と
「汚れにくさ＆お手入れしやすさ」を両立した"才色兼備"のスタイル。
フルコートのカット・ダウン・スタイルとしてもおすすめ。

side

Style 8

シー・ズーのためのマッサージ

スキンシップを兼ねて気軽に始められる
ワンコ版リンパマッサージと、
体を温めるためのメソッドを伝授します。

マッサージのポイント

①マッサージで体をほぐそう

人間がマッサージをすることによって心身の健康につながったり、体がほぐれたりするというのは、飼い主さん自身が実感していることだと思います。それは、ワンコも同じこと。マッサージによって体内のリンパ液の流れを良くすると、疲れを取りのぞき、心身の健康のバランスを保つ効果が期待できます。

何より、ワンコにとって大好きな飼い主さんにマッサージしてもらうのはとてもうれしいこと。スキンシップの一環として、気軽にチャレンジしてみましょう。

②体を温めて元気に過ごす

とくにシニア犬の場合は、体温調節の機能が低下しがち。「冷えは万病のもと」というように、体が冷えると関節やお腹の調子が悪くなってしまいます。また、血の巡りが悪くなると、元気が出なかったり体のさまざまなところに悪影響を及ぼしたりすることも……。

ストレッチやハーブ温浴などで、冷えた体を温めてあげることが大切です。

③飼い主さんもリラックス

マッサージや温浴などのケアは、飼い主さん自身もリラックスしている状態で行いましょう。イライラしていたり、気持ちが落ち込んでいるときは、手から愛犬に伝わってしまいます。また、愛犬も落ち着いて過ごしているときに行うのがベスト。

お互いにとって癒やしの時間になるようにしましょう。

ツボ&リンパ

体内のリンパ液や気が滞りなく
流れるようにしましょう。

1 マッサージの前に、全身をやさしくなでます。飼い主さんの手が冷たいと冷えが伝わるので、必ず温めてから行いましょう。

2　背中にはたくさんのツボが点在しています。背骨のラインに沿って首～腰まで手のひらでなでましょう。目安は10回程度。

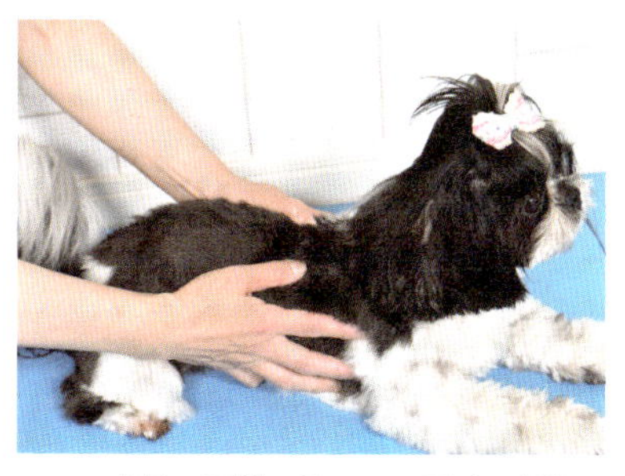

3　背骨の両側に沿って、両手の親指でやさしく押していきます。

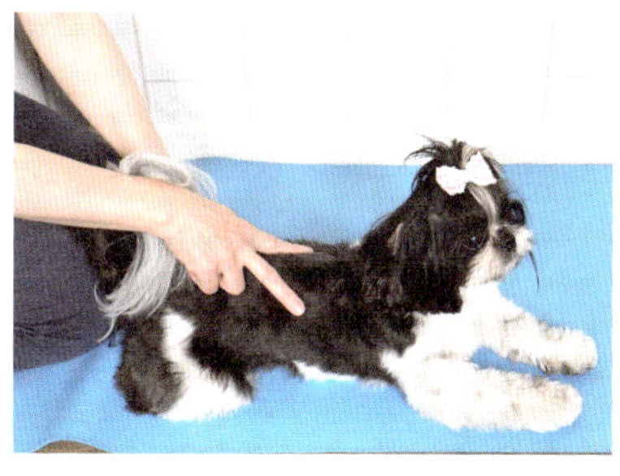

4　手をチョキの形にして、背骨を挟むようになでてもOK。

5　耳下リンパ節を刺激します。耳の付け根の下～あごにかけて手のひらでやさしく前に向けてなでます。

6　耳の下と肩のあたりを手で支え、ゆっくり引っ張って伸ばしましょう。

memo

グイグイ引っ張りすぎるとワンコが痛みを感じてしまいます。力加減には注意しながらマッサージをしてください。

7　腋窩リンパ節（脇の下）を刺激します。後ろから脇に手を入れ、やさしくさすります。

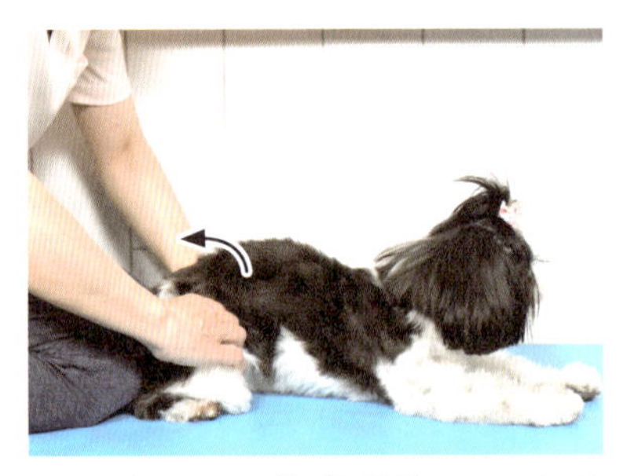

8　鼠径リンパ節（股関節のあたり）を刺激します。座った状態もしくは立位で、後ろから股に手を当てて前から後ろへと手を滑らせるようになでます。

9　膝裏に手のひらの側面を当て、さするようにしてもOK。

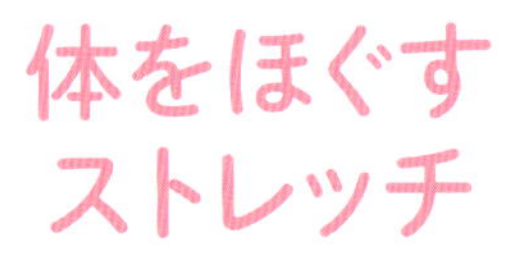

体をほぐすストレッチ

散歩前などの準備運動にもぴったりなストレッチです。

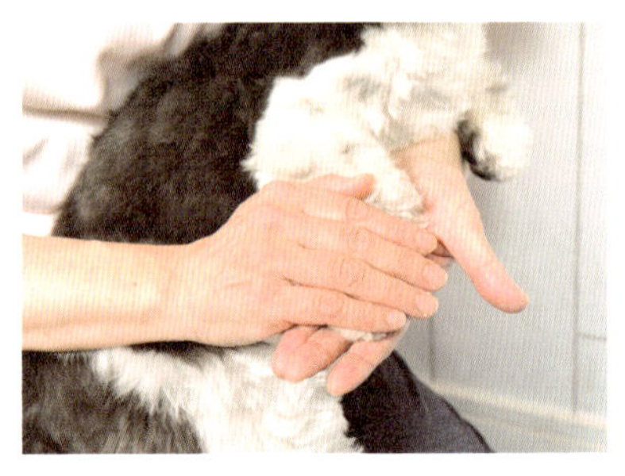

1　足先が冷えていることがあるので、さわってひんやりするようなら手で包み込んで温めます。

2　指を広げてほぐすことで、動きが良くなります。大きい肉球と小さい肉球のあいだに親指を入れ、やさしく押し広げましょう。

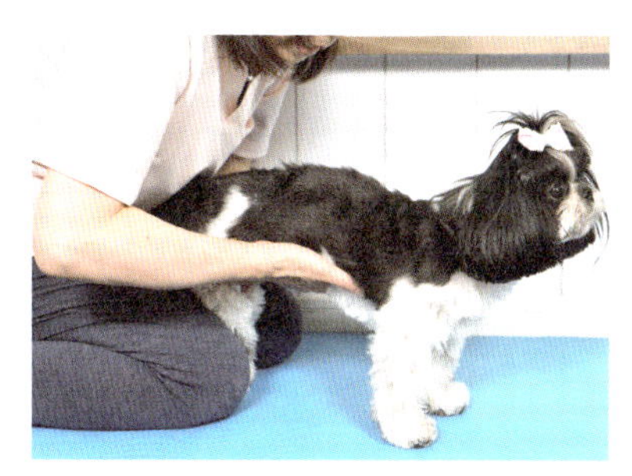

3　お腹を手のひらでさすって温めると、お腹の調子が整う効果が期待できます。

4　肋骨のいちばんしっぽ側あたりに手を当て、体を軽く揺らします。胃腸の調子を整える効果が期待できます。

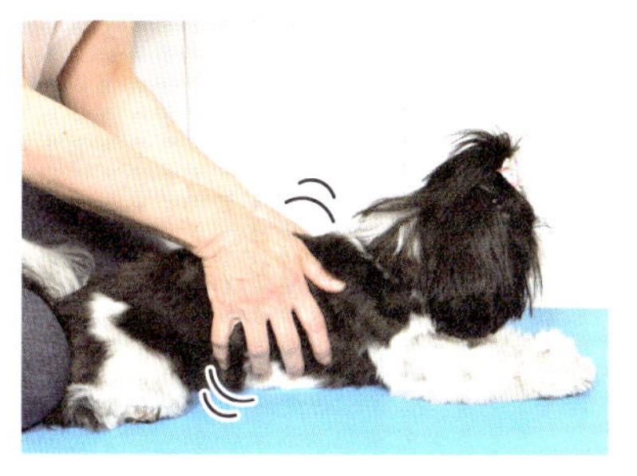

5　肋骨に手を当てて体を軽く揺らしたります。筋肉がほぐれて疲れが取れます。
脇腹に手を当てて同様に揺らしてもOK。

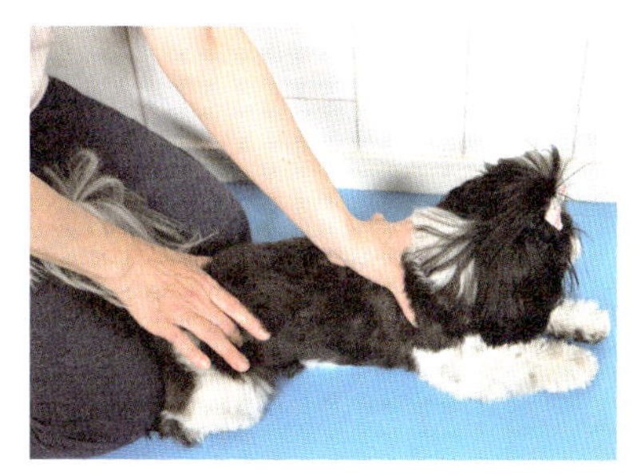

6　首の付け根と腰のあたりに手を添え、体を対角線に引っ張るイメージで伸ばします。

7　首と肩に手を当て、くるくると回すようにもみほぐします。

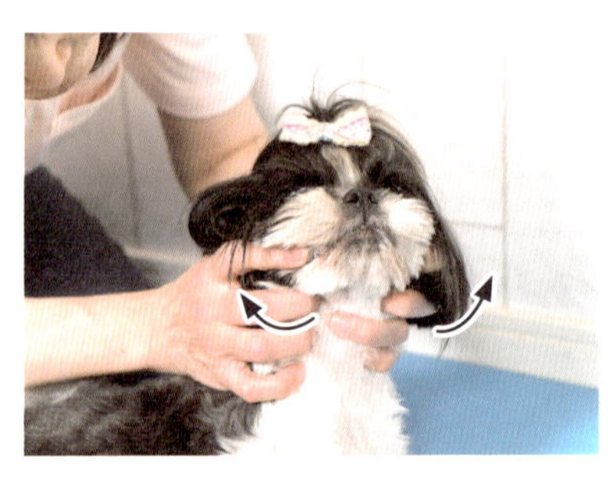

8　口に手を入れても大丈夫な子なら、人さし指を入れて口角を上げるイメージで上にやさしく引っ張ります。

9　しっぽをもみほぐすイメージでなでたり、付け根のあたりを親指で軽く押して刺激したりします。

体を温める

簡単なストレッチや
ワンコ向けの「温活」の
ノウハウを押さえます。

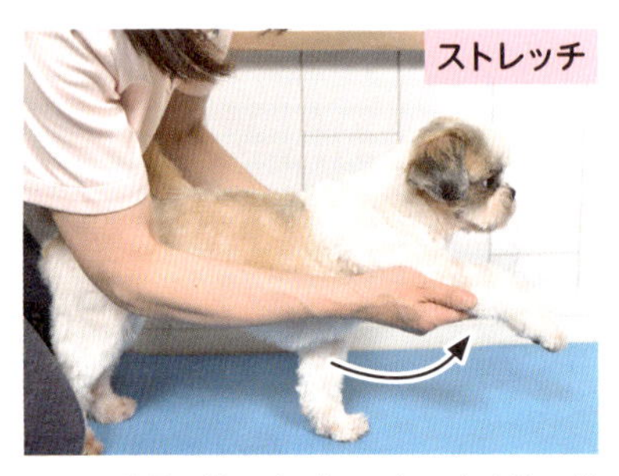

1　前足を持ち上げて、真っ直ぐ前に持ち上げます。

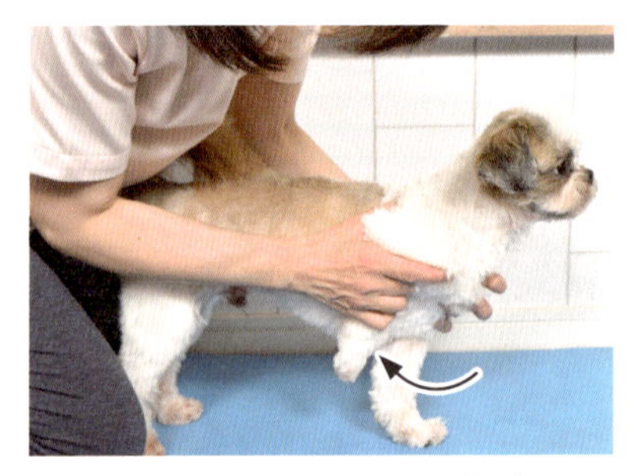

2　続けて足をゆっくり折り曲げて、屈伸運動のようにしましょう。

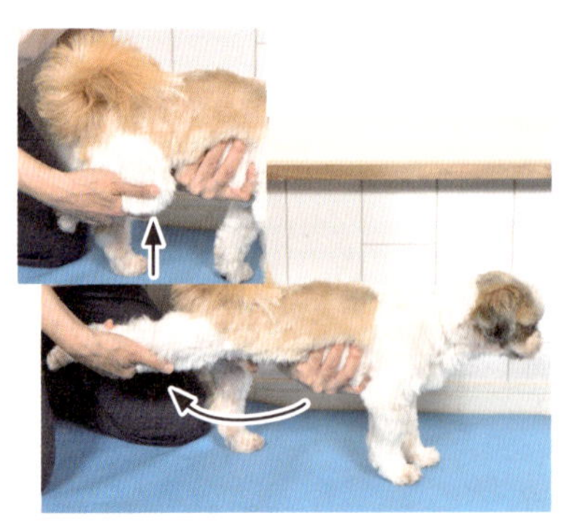

3　後ろ足も同様に曲げ伸ばしします。

1　あずきをティーバッグなどに入れて温めたものを用意します。

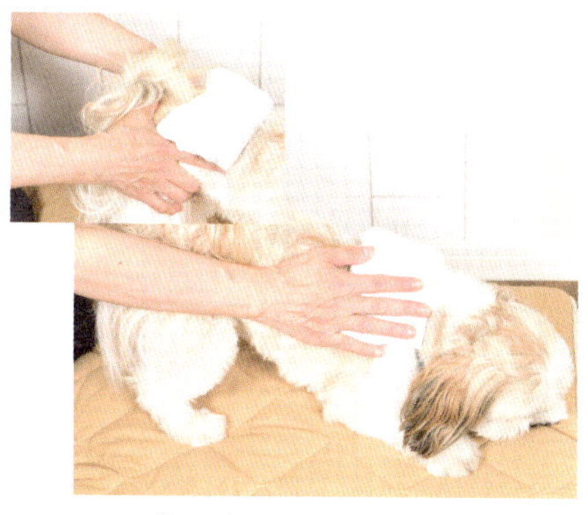

2　①をガーゼのハンカチなどに包み、首や腰などに当ててじんわり温めます。

3　ハーブ温浴のお湯は、いくつかのハーブをブレンドしたものをティーバッグに入れ、38℃程度のぬるま湯に浸けて用意します。深さはワンコの足先が浸るくらいを目安にしましょう。

4　人間でいうところの「足湯」のイメージで、足をハーブ湯に浸けます。

5　ハーブ湯に浸けたタオルや、薄手の手袋で、関節あたりを包んで温めます。一緒に耳や目の周りをふくのもアリ。

POINT

温浴の際、長いしっぽが濡れないようにするために便利なのが、ペット用のサージカルテープ。簡単に巻けて被毛を傷つけることなく取れるので重宝します。

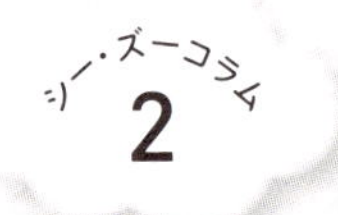

介護の心がまえ

人間と同じように、犬もこれから介護の必要性が
高まっていくはずです。
早いうちから考えておきましょう。

歩行困難、トイレの失敗、無駄吠えの増加などが見られたら、介護スタートのサインとなります。愛犬の介護を経験した飼い主さんへのアンケートでも、「トイレの世話と歩行補助がいちばん大変」との結果が出ています。

介護はいったん必要になると毎日続けなければならず、飼い主さんは生活ペースが乱されるので大変です。しかしいちばん困っていたり、ストレスを感じているのは犬自身。家族の一員になった日から、愛犬にはたくさんの愛情や思い出をもらってきたのですから、感謝の気持ちを込めてできる範囲で最高のケアをしてあげたいものです。犬は飼い主さんのイライラ（負の感情）を敏感に察知して傷つくこともあるので、ひとりに負担がかかりすぎないよう、家族みんなで協力・分担して行いましょう。

また、何事も「備えあれば憂いなし」と言うように、介護生活に向けて若いうちからできることを実践してください。まずは、栄養バランスの良い食事で基礎的な体力・生命力を高めて、運動もしっかりして筋力をつけておくこと。いざ介護が必要となったときに世話しやすいよう、日ごろから信頼関係を築き上げておくことも大事です。抱っこやブラッシング、爪切り、歯みがきなども、若いうちから愛犬がすんなり受け入れられるようにしておくといいですね。

介護はがんばりすぎないことも大事。手助けを頼める人がいたらお願いしましょう。

Part5

シー・ズーのかかりやすい病気&栄養・食事

シー・ズーがかかりやすい病気についてわかりやすく
解説します。注意したい病気とその対策、さらに
栄養学の基礎と食事に関しても学んでいきましょう。

脂質代謝異常

シー・ズーは、脂質代謝異常を起こしやすい犬種のひとつ。
この病気との付き合い方や予防法などを押さえましょう。

脂質代謝異常とは?

脂質代謝異常とは、正常に燃焼されなかったり、使い切れなかったりしたコレステロールや中性脂肪が体内に残ってしまう状態のことです。

残留したコレステロールや中性脂肪は、血液中にあふれ出した後、肝臓にストックされ、最終的には体の表面の皮脂分泌腺にたまってしまうことが想定されます。これらが原因で、さまざまな病気を引き起こしてしまうのです。

遺伝的な体質により若いころから発症する場合もあれば、加齢によって脂質の代謝が落ち、そこに体質も影響して脂質代謝異常が起こることもあります。

ちなみに以前は「高脂血症」と呼ばれていましたが、獣医療の臨床現場では近年、「脂質代謝異常」（脂質異常症）という名称が使用されるようになりました。

シー・ズーは脂質代謝異常が多い?

２００５年から２００９年のあいだに、日本で脂質代謝異常が認められた１８８０頭の犬のうち、シー・ズーは3番目に多い犬種でした。

脂質代謝異常の原因としては、遺伝的体質、食事、加齢、甲状腺疾患をはじめとするほかの病気によるものなどが挙げられます。

また、シー・ズーは中国原産で、そのルーツはチベット。そのため乾燥地帯でも皮膚と被毛を潤せるように、もともと皮脂腺が発達しているのです。ところが、日本のように高温多湿の地域では、それほど脂を必要としません。そのため、日本のシー・ズーには、脂漏性皮膚炎を発症しやすい傾向があります。この病気は、脂質代謝異常が影響して発症する場合もあります。

脂質代謝異常が引き起こすほかの病気

脂質の通り道である血管、肝臓、すい臓や皮脂腺が多く存在する部分（まぶた、首筋、しっぽ、背骨のライン）には、脂質代謝異常があると健康トラブルが生じやすくなります。

ドライアイ、流涙症（涙やけ）

脂質代謝異常が、まぶたの上下にあるマイボーム腺の詰まりにつながっている可能性があります。

マイボーム腺から脂が分泌されなくなると、目の表面の脂の膜が失われます。水分が目にとどまりづらくなり、外に流れ出すと流涙症（涙やけ）となります。流涙症が進行し、ドライアイになることもあります。

急性すい炎

肝臓からあふれ出た脂質がすい臓にたまると、急性の炎症を起こすことがあります。早期に治療をしないと命を落とす恐れもあり、軽視できません。

糖尿病

インスリンの不足や欠乏によって高血糖が生じる病気です。進行すると体重が減り、嘔吐、下痢や脱毛が起こり、白内障につながる恐れもあります。

血管障害

脂質が血管にたまると、血行障害になります。耳の先、しっぽ、足先など末端の血行障害がとくに生じやすいでしょう。

犬は動脈硬化にならないといわれていたこともありますが、血栓症など、悪玉コレステロール値の上昇が原因で血管が詰まる病気になる可能性もあることがわかってきました。

脂漏性皮膚炎

脂が皮膚に付着してベタベタになり、かゆみや赤みを生じさせる皮膚炎です。脂質代謝異常があると皮脂腺が詰まったり、詰まった皮脂腺が破裂したりして皮膚炎になりやすくなります。それが全身に広がると、脂漏性皮膚炎と診断される傾向があります。

マラセチア皮膚炎

マラセチアとは皮膚の常在菌で、カビの一種です。皮脂の分泌が異常になると、それをエサとするマラセチアが必要以上に増殖して、皮膚炎になります。脂漏性皮膚炎と併発すると、激しいかゆみや脱毛、ニオイなどの症状も強くなります。

脂肪肝

肝臓にたまった中性脂肪やコレステロールが原因で起こります。発症すると元気がなくなり、進行すると体重も減ってくるでしょう。

胆泥症（たんでいしょう）

胆のうにある胆汁の成分が変化してドロドロの状態になり、蓄積してしまう病気です。胆汁の排出がうまくできなくなり、重症化すると胆のう破裂や腹膜炎を起こすので、注意が必要です。

治療法

脂質代謝異常と判明したら、
どのように治療するのでしょうか。

まずは、どの脂質代謝異常かを調べるのが重要

ひと言で脂質代謝異常といっても、コレステロール値が高いのか、中性脂肪が高いのかで治療薬が異なります。そのため、まずは、血液検査でそれを見極めなければなりません。シー・ズーの脂質代謝異常には、「コレステロール代謝異常」と「中性脂肪代謝異常」が、およそ半々の割合で存在するという報告があります。

中性脂肪代謝異常を持っている場合は糖尿病になりやすく、コレステロール代謝異常の場合は、胆泥症になりやすいことも知られています。

また、両方の代謝異常が起こっている複合型もあります。高齢になると、合併症のようにして複合型が出てくるケースも少なくありません。

なお、脂質代謝異常の治療のほか、それが原因でほかの病気を発症している場合は、当然のことながらそれらの病気に対する治療と管理も行います。

①食事療法

脂質代謝異常と診断されたシー・ズーにまず行うのは、食事療法です。

低脂肪の食事を与える、酸化しやすい干した肉や魚のおやつを多く与えないなど、酸化した脂を体に取り込まないことを徹底するだけで、代謝が正常に戻ることもあります。

1～2か月ほど様子を見て症状が改善されれば、食事が原因であると特定もできます。

②サプリメントを投与

食事療法で改善されない場合、犬猫用サプリメントを投与して脂の代謝を促します。

最近では、細胞レベル（ミトコンドリア）で脂質燃焼を活性化させる「5-アルブミン酸（5-ALA／ゴーアラ）」という成分を配合したサプリメントが、脂質代謝異常の管理によく使用されています。

また、皮脂は紫外線の影響を受けて酸化します。酸化した皮脂は皮膚にダメージをもたらして、かゆみを生じさせる可能性が高まります。そのため、脂漏性皮膚炎のシー・ズーには、体内から酸化防止の働きを持つビタミンEや還元型コエンザイムQ10などの抗酸化栄養素を補給することで、症状が改善されるケースもあります。

③人間用医薬品による内科療法

サプリメントで効果が見られなければ、人間の薬を応用して使うことになるでしょう。残念ながら獣医療の分野では現在、脂質代謝異常を改善する薬が存在しないからです。まず検査した上で、コレステロール値を下げる必要があれば『スタチン』、中性脂肪の値を下げる必要があれば『フィブラート』という内服薬を使用します。この2種類の併用はできませんが、サプリメントを併用しながら、内服薬との相乗効果をねらうことはあります。なお、最近ではスタチンの代わりにフィブラートとの併用も可能なコレステロール吸収阻害剤『エゼチミブ』という新薬も使われるようになっています。

生まれつきの脂質代謝異常の場合、一生涯内服薬やサプリメントを飲み続けることになるでしょう。加齢が原因の脂質代謝異常が改善した後は、1日おきや数日に1度の投薬に減らし、良好な状態を維持できるように管理するのが一般的です。

〈飼い主さんができる脂質代謝異常の予防法〉

脂質代謝異常に対して、飼い主さんができることを実践しましょう。

①サマーカットをしない

皮膚に症状が出やすいシー・ズーに、サマーカットはあまりおすすめできません。本来は長い被毛を伝って流れ出ている皮脂が、皮膚にくっついてしまうからです。脂漏性皮膚炎やマラセチア皮膚炎のシー・ズーの被毛は、ある程度伸ばしておきましょう。

②開封後の食べものは早めに消費する

消化に悪い脂肪、酸化した脂肪を長期間に渡って摂取していると、代謝しきれない酸化した脂が体に残り、異常をもたらすことがあります。動物の脂、魚の脂など、空気にふれると酸化する食べものには要注意です。じつは、ジャーキーもそのひとつ。無添加で酸化防止をしていないものなどは、開封後すぐに食べ切ることが重要です。

③運動で内臓脂肪を燃焼させる

運動をすると、内臓脂肪の燃焼が促されます。また、筋肉は脂肪を燃やす役割も担っているため、定期的な散歩と運動を心がけるのが大切です。

④サプリメントを活用する

ミトコンドリアを活性化させる5-ALAを含むサプリメントをはじめ、抗酸化栄養素であるビタミンE、アントシアニン、ポリフェノール、還元型コエンザイムQ10などが配合されたサプリメントを日常の食生活に取り入れるのも、脂質代謝異常の予防法のひとつです。

⑤定期的な健康診断で早期発見を心がける

病気を早期に発見してできるだけ早く治療を開始することが、ワンコの苦痛を減らすことにもなります。理想は半年に1回、少なくとも年に1回は健康診断を受診して、健康管理に役立てましょう。

皮膚の病気

もともとの体質が原因で、シー・ズーは
皮膚トラブルを起こしやすい傾向にあります。

シー・ズーに皮膚トラブルが多い原因は？

シー・ズーは、いわゆる「脂漏体質」の犬種だといわれます。シー・ズーは中国の寒冷な地方が原産のため、皮脂の分泌が多いのです。寒い場所で皮膚や被毛が乾燥しないよう、皮脂が大切な役割を担っています。

ところが、日本のように高温多湿な環境では、皮脂はそれほど必要ありません。そのため、日本に暮らすシー・ズーについては、過剰な皮脂が皮膚トラブルを発生させているとみられます。シー・ズーがかかりやすい皮膚疾患を知り、日ごろの適切な管理と早めの対処を心がけましょう。

マラセチア皮膚炎

皮膚の常在菌によって
生じる皮膚炎です。

どんな皮膚炎？

犬の皮膚に常在しているカビの一種、「マラセチア」が関与した皮膚炎です。

マラセチアは脂を好むため、皮脂のたまりやすいところが症状の出やすい部位となります。

マラセチア皮膚炎はかゆみを伴います。かゆみの原因は、マラセチアの過剰増殖や、マラセチアが出すかゆみを誘発する酵素、その酵素により分解されたたんぱく質や脂であると考えられています。

なお、マラセチアはどの犬にもいる常在菌で、マラセチア皮膚炎がほかの犬に伝染することはありません。

主な症状は次の通りです。

- 初めて発症する年齢で多いのは、1～3歳。
- フケや脂を伴う、皮膚の赤みや苔癬化（皮膚に厚みができること）が見られる。
- 発症しやすい部位は、首、脇の下、股のあいだ、手足の指のあいだ、陰嚢や陰部のしわ部分、しっぽと肛門の周囲。
- 就寝直後や明け方などに、かゆがる仕草が多く見られがち。
- 高温多湿な時期に症状が出やすい。ただし冬期でも、ホットカーペットや床暖房がある環境下においては発症例も少なくない。

診断方法

マラセチア皮膚炎の診断には、皮膚の表面のマラセチアの数を調べる検査がよく行われます。しかし、診断はマラセチアの数によって決まるとは限りません。典型的な症状があれば、数が少なくてもマラセチア皮膚炎だと診断されるでしょう。逆に数が多くても、症状がなければマラセチア皮膚炎とは診断されません。

強いかゆみが特徴なので、夜間に皮膚を引っ掻く音がする、患部をしきりになめたため足などが濡れているといった異変が見られます。このような行動には、早めに気づいてあげたいものです。

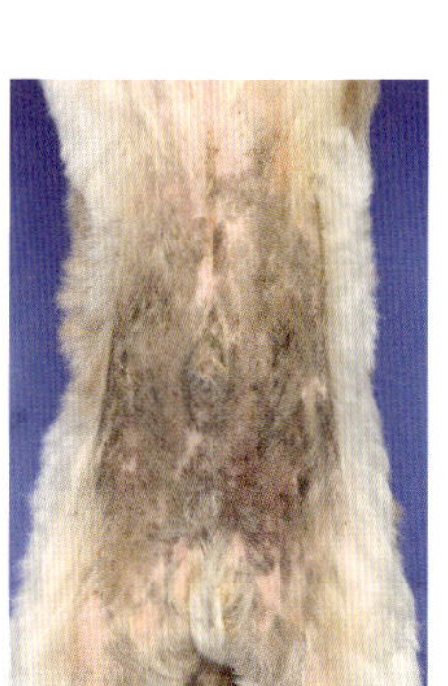

腹部にマラセチア皮膚炎を発症したシー・ズー。

治療法

マラセチアの好物である皮脂を、物理的に落とす治療が重要です。

シニア期以降は、甲状腺疾患で皮脂の分泌に異常が生じ、マラセチア皮膚炎になることも珍しくありません。その場合は、甲状腺疾患の治療も併せて行います。

①シャンプー療法

以前は脂を除去する作用のあるシャンプー剤が使用されていましたが、現在は殺菌作用のある「ミコナゾール」や「クロルヘキシジン」含有のシャンプーで、まずは週2回、症状が改善してきたら週に1回の頻度でシャンプーを行います。

②内科療法

マラセチアの数量を管理するために、抗真菌薬である「イトラコナゾール」などの内服薬を使用します。投薬から1か月前後で、ほとんどのマラセチア皮膚炎は改善するでしょう。かゆみを軽減させるために、「ステロイド」や「シクロスポリン」などのかゆみ止めを使うこともあります。

飼い主さんにできることは?

シー・ズーの生まれ持った脂漏体質は治すことができません。そのため、根本的な予防は難しいものですが、皮膚トラブルを生じやすいシー・ズーには、こまめなスキンケアが大切です。

たとえば、皮膚に悪影響を及ぼさない皮脂の量を維持するために、シャンプーの回数を増やすことも予防のひとつになります。季節や年齢に最適なシャンプーの選択や頻度については、獣医師に相談しましょう。

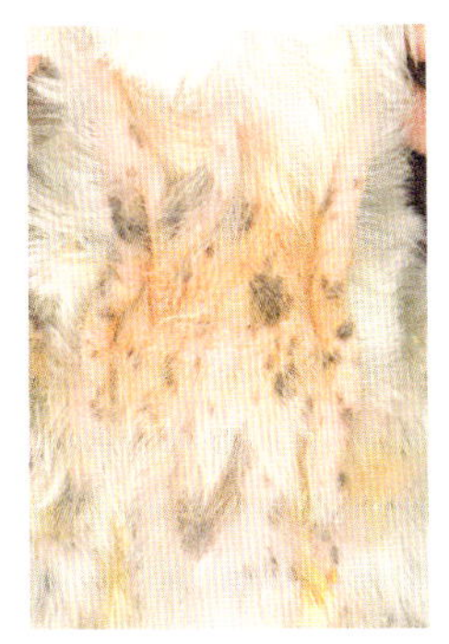

右：マラセチア皮膚炎を頸部に発症したシー・ズーの急性例。
左：マラセチア皮膚炎を頸部に発症したシー・ズーの慢性例。

外耳炎

マラセチアが耳で増殖して発症するのが外耳炎です。

原因と症状

シー・ズーの外耳炎は、マラセチアの増殖が原因の筆頭に挙げられます。シー・ズーは垂れ耳で耳毛が多いため、耳の内部が蒸れがち。加えて、高温多湿な時期はマラセチアが増殖しやすい環境になってしまうからです。

耳を後ろ足で掻く、頭を振るなどの様子が見られたら、ワンコの耳をめくって観察してください。ニオイ、ベタつき、過剰な耳垢、赤み、丘疹（きゅうしん）、腫れといった症状があれば、外耳炎が疑われます。

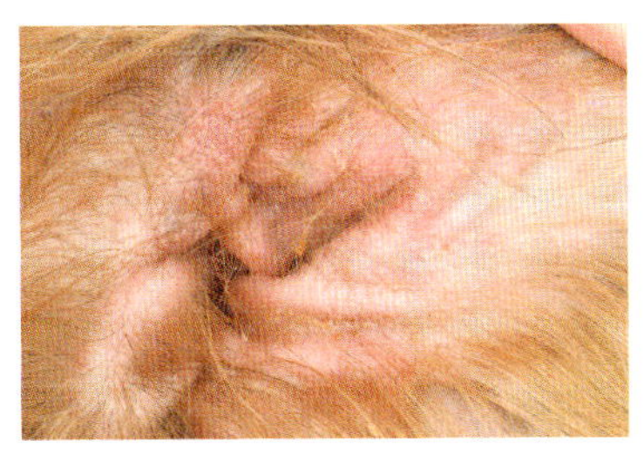

脂漏性外耳炎を起こしている耳。

治療法

赤みや腫れなどの炎症を抑え、耳の穴の形を元に戻すことで、自浄作用を復活させる治療を行います。そのために、ステロイドの点耳薬は欠かせません。

自宅で投与することもありますが、最近では動物病院で1週間に2回、または1か月に1回投薬する点耳薬もあるので、獣医師による管理のみで済むケースも増えています。

また、現在は症状が見られなくても、発症前に点耳薬を投与して再発を防止する「プロアクティブ療法」が行われる例も珍しくありません。プロアクティブ療法では、獣医師の指示通りの頻度と投薬量で状態をコントロールしていくことになります。

覚えておきたい注意点

耳掃除の際に綿棒は使わないようにしましょう。手前に出ている耳垢を、綿棒で奥に押し込んでしまう危険性が高いからです。耳の入口付近の耳垢は、コットンでやさしくふき取り清潔に保ってください。

また、自宅での耳洗浄は、十分に耳垢が取れないこともあります。まずは、かかりつけの獣医師に耳の状態をチェックしてもらうことが重要です。外耳炎を繰り返す場合は、洗浄も含めた処置だけでなくオトスコープ（耳の内視鏡）によるチェックが行われることもあります。

脂漏性外耳炎の洗浄前の状態。

↓

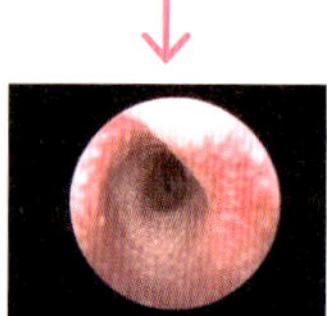

獣医師による耳の洗浄後の状態。

犬アトピー性皮膚炎

遺伝的な体質も関係するので、生涯に渡る管理が重要です。

原因と症状

犬アトピー性皮膚炎は、皮膚のバリア機能の異常という遺伝的な体質も関係していると考えられています。そのため、健康な皮膚を維持するためには、かゆみの管理を含めたケアが肝心です。

シー・ズーの場合、初めて症状が現れるのは、1～5歳ごろが多いでしょう。加齢とともに犬アトピー性皮膚炎が悪化するケースも少なくありません。

マラセチア皮膚炎と同様、脇の下、股のあいだ、首のしわ部分などをはじめ、顔周りや口周りの皮膚に赤みや強いかゆみが生じ、症状が進行すると脱毛、重症化すると色素沈着や皮膚の苔癬化が起こります。マラセチア皮膚炎と違って、典型的な犬アトピー性皮膚炎ではフケや脂っぽさは見られません。

高温多湿な時期に症状が悪化するのが特徴のひとつ。逆に、冬期の3～4か月間は投薬治療が不要になる可能性もあります。

治療法

かゆみは精神的苦痛を生じさせる可能性もあり、掻き壊してしまうとより悪化するため、かゆみ止めの投薬は必須です。

また、犬アトピー性皮膚炎の管理ではスキンケアも欠かせません。保湿剤が配合されたシャンプーやコンディショナーを使用して、皮膚のバリア機能を保つのが重要です。

プロアクティブ療法

近年、犬アトピー性皮膚炎の管理で取り入れられているのが、プロアクティブ療法です。これは、症状が出たら治療し、治ったら治療を終えるという「リアクティブ療法」ではなく、症状がほとんど出ていない状態でも、健康な皮膚を維持するために少量や低頻度で薬を使用して、皮膚の状態を管理する方法です。具体的には、飲み薬でなく塗り薬を使用する、薬の投薬間隔を空けるといった方法が取られるでしょう。

飼い主さんにできることは？

犬アトピー性皮膚炎は、生涯に渡って付き合わなければならないと心得て、獣医師と相談しながら適切なスキンケアを心がけましょう。同時に、皮膚のバリア機能を健やかに保つために、こまめなブラッシングも行ってください。ブラッシングで抜け毛を取りのぞけば、皮膚の通気性も高まります。

また、気温と湿度が上がってきたら、そこから先は症状が出て悪化すると予測し、軽症なうちに対処を。そうすれば、かゆみによるストレスを最小限にしてあげられるので、飼い主さんも気持ちが楽になるでしょう。

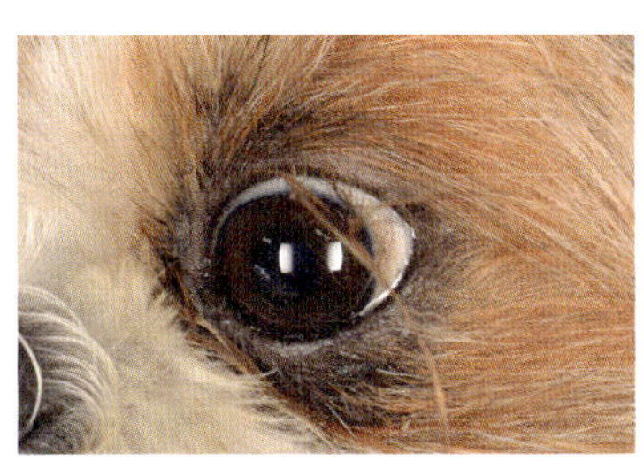

アトピー性皮膚炎を目の周りに発症したシー・ズー。

目の病気

**シー・ズーは、目の病気になりやすい犬種です。
とくにどのような眼疾患にかかりやすいか、
いつごろ発症するのかなどについて学びましょう。**

早期発見と早期治療で愛犬の目を守ろう

ワンコの目の異変は気づきにくいものです。病院で眼疾患だと診断されたときには、病状がかなり進行していたり、すでに視覚を失っていたりすることも少なくありません。

同じ眼疾患でも、犬種によって発症しやすい年齢や病状のタイプが異なります。それらを頭に入れつつ、シー・ズーの目の病気の早期発見と早期の治療開始に努めましょう。そうすれば、もし目の病気を発症しても、ワンコが苦痛を感じる期間を減らしてあげられます。さらに、病気によっては視覚喪失を遅らせることや、視覚を失わずに済む可能性も高まります。正しい知識で、ワンコの目を守ってあげてください。

シー・ズーは眼球が大きい？

大きな目はシー・ズーのチャームポイント！　ですが、実際はシー・ズーも柴犬も、眼球の大きさはほとんど変わりません。

眼球を収めている、頭骨前面の〝眼窩（がんか）〟と呼ばれる穴が、シー・ズーなどの短頭種は浅め。つまり、シー・ズーは骨格上の特徴から、露出している眼球の面積が広いと言えます。それで、目が大きく、少し飛び出して見えるのです。

柴犬などの非短頭種

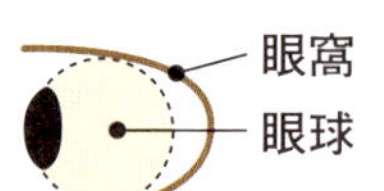

シー・ズーなどの短頭種

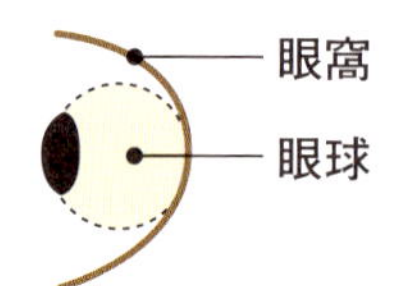

網膜剥離

シー・ズーに最もよく見られる眼疾患。片目ずつ発症します。

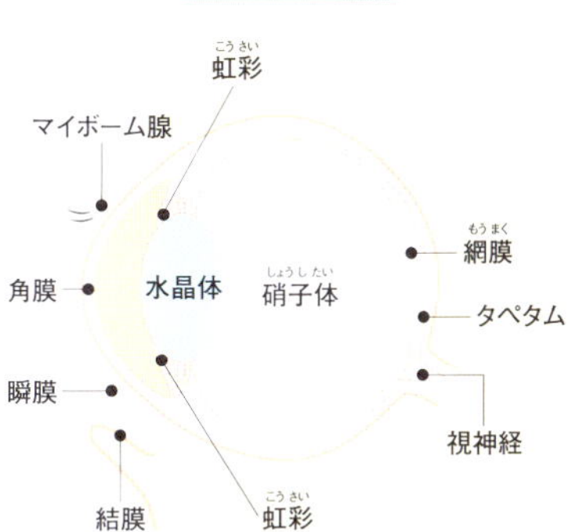

どんな病気？

網膜の組織が、眼底（眼球内部の後ろ側）にある脈絡膜からはがれてしまう病気です。部分剥離から始まり、完全に剥離すると視覚を失います。

シー・ズーが遺伝的に抱えている硝子体変性が、網膜剥離の原因になることもあります。硝子体変性とは、水晶体の後ろに位置するゼリー状の組織である硝子体が、液状になってしまう遺伝性疾患です。網膜を押さえている硝子体の体積が減り、網膜がはがれやすくなるのです。

シー・ズーでは、若いうち（2～5歳）に片目の網膜がはがれ始める傾向にあります。一方の目が網膜剥離になると、もう片方の目もいずれ発症するのですが、両目が見えなくなって初めて飼い主さんが気づくケースが少なくありません。早期に治療を開始しないと治せないので、片目の発症の早期発見が重要です。

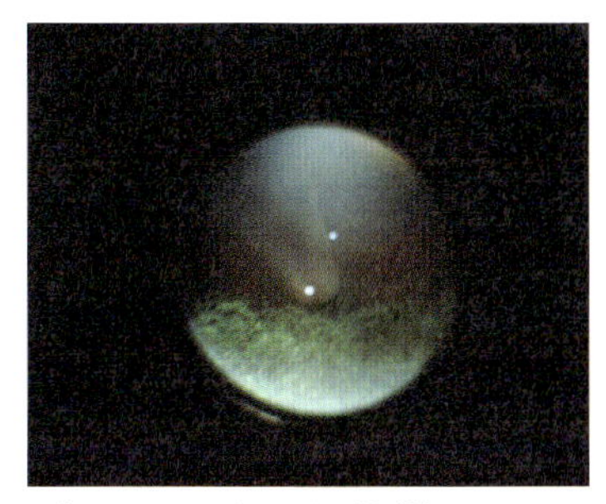
8歳のシー・ズーの網膜剥離。

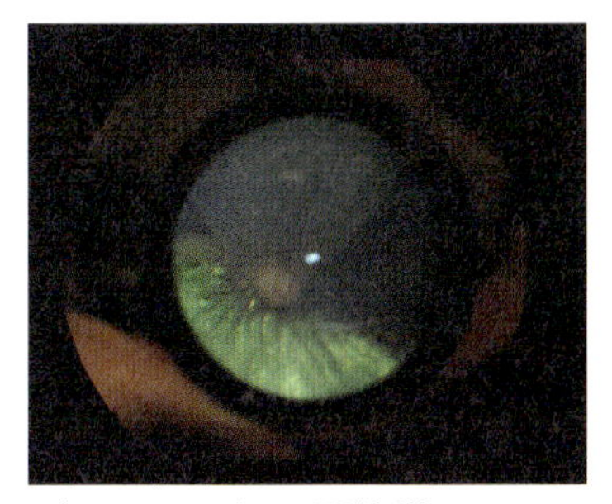
5歳のシー・ズーの網膜剥離。

早期発見するには

網膜は明るさを感じるセンサーの役割を果たしています。正常であれば、目に光を当てると網膜が反応し、瞳孔が収縮します。片目に網膜剥離を発症している場合、直接光を受けたときや写真を撮影したときに、瞳の左右の大きさが違うことがあります。このような状態に気づいたら、すぐ動物病院へ。

両目の視覚の喪失に気づいたときには、片目はすでに数年前には見えなくなっています。網膜は、はがれてから時間が経つと再びくっつけることは困難。早期の治療開始が欠かせません。

最新の治療法

部分的に剥離した網膜や、剥離してから期間が浅い網膜は、眼科専門の治療機器を備える動物病院での外科手術による治療が可能です。

しかし、完全に剥離して数年が経過しているようなケースでは、治療はできません。

片目が網膜剥離になると、反対の目も将来的に発症します。そのため、最新の獣医療として、網膜剥離を起こしていないほうの目の網膜にレーザーを照射し、剥離を予防する方法も積極的に行われるようになってきました。

緑内障

目の奥に強い痛みを伴います。
8〜9歳以降で多く発症します。

どんな病気？

眼圧（目の内部の圧力）が上がることによって、網膜にある血管に圧力がかかって血流が止まり、その部分の血管の細胞がダメージを受ける病気です。

目の中に入る水分と出ていく水分が同量であれば、眼圧は一定になります。しかし、出口からスムーズに排水されないと眼圧が高くなり、緑内障になるのです。眼圧の正常値は15〜25ｍｍＨｇですが、

40mmHgを超えると視野が欠けて目が見えなくなってきます。

シー・ズーの緑内障は、6~8歳くらいからの発症例が多数あります。

シー・ズーは、網膜剥離が原因で二次的に緑内障を発症する例も少なくありません。網膜剥離が原因の緑内障であるとわかれば、反対の目に網膜剥離の予防的な治療を行うことになるでしょう。

網膜剥離が原因でない緑内障の場合、未発症の目への緑内障の予防措置も必要になります。このことから、シー・ズーは、早期に眼疾患の有無を調べて予防的な措置を行うのが重要と言えます。

早期発見するには

眼圧が上がると目の奥に痛みを感じるため、ワンコは苦痛によって目を閉じ、おとなしくしている時間が長くなるでしょう。

シニア犬でもないのに、ごはんと散歩以外は昼間でもずっと寝ているようであれば、緑内障を発症している可能性があります。

また、眼圧が高くなればなるほど、風船のように目が大きく膨らんでくるのも症状のひとつ。ワンコの目の大きさに変化を感じたら、動物病院で眼圧を測定してもらうことをおすすめします。

最新の治療法

眼圧のコントロールが、緑内障の治療では最重要課題です。

初期段階では、点眼薬（目薬）の使用が一般的です。点眼薬には、入る水分を抑えるものもあれば、排出される水分量を増やすものもあります。その2種類を組み合わせ、正常な眼圧を保てるように調節します。

また、片目が緑内障になったら、反対側の目にも予防的に目薬を投与します。

点眼薬での管理が困難になってきたら、外科的な治療を選択することになるでしょう。

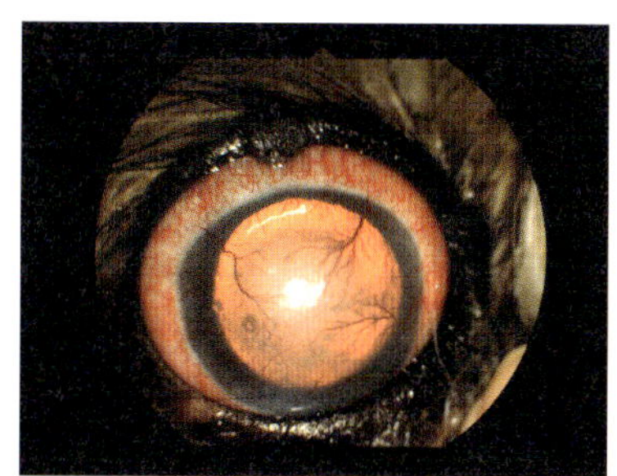

緑内障を発症したシー・ズー（13歳）の目。

複数の手術方法がありますが、多く行われているのは、レーザーを使い、目の中で水を作る量を増やす方法。最新治療では、マイクロパルスというレーザーで、目の内部の水分を少なくしたり、外部に排水する方法も行われるようになってきました。また、バルブと呼ばれる、目の中の水を外へ出す通路を作る手術もあります。

網膜変性

進行性網膜萎縮とも呼ばれます。
多くは7～8歳で発症します。

どんな病気？

遺伝性の眼疾患のひとつで、「PRA」とも呼ばれています。網膜の視細胞が次第に変性していき、最終的には視覚を失います。現代の医学では発症を防ぐことはできず、外科的な根本治療もできません。とは言え、続発的に白内障や緑内障などの病気を発症する恐れがあるので、軽視は禁物。早期の発見と進行を遅らせる治療、さらには続発的な病気の予防を行いましょう。

シー・ズーは他犬種より遅い、7～8歳での発症がピークです。

7歳のシー・ズーの進行性網膜萎縮。

早期発見するには

PRAの初期症状は、「夜盲（やもう）」と言われる、暗い場所での視覚の低下です。シー・ズーでは5～6歳から、夜間だけ家具や壁にぶつかる、夜間の散歩で歩きにくそうにしているなどの症状に気づくかもしれません。よく観察し、このような変化が見られたら、早めに獣医師に相談してください。

眼科で専用の医療機器を使った検査を実施すれば、PRAかどうかを診察できます。

最新の治療法

早期にＰＲＡの発症を発見できれば、抗酸化剤やビタミン剤などを投与しての内科療法により、現状維持や変性の進行をゆるやかにできる可能性が高まります。

ビタミンは、ビタミンＥの単独投与や、ビタミンＥが配合されたサプリメントがよく使用されています。さらに近年、抗酸化作用を持つ物質であるアスタキサンチンも広く使われています。

早期発見と早期治療ができれば、ワンコがＰＲＡであると判明しても、病状の進行を遅らせながら生活の質を保っていけます。

角膜潰瘍

外傷、乾燥、免疫の異常など、さまざまな要因で発症します。

どんな病気？

目の表面には、何層にも分かれている「角膜」が存在します。その角膜の上皮が欠損するのが角膜潰瘍です。

潰瘍とは、傷のこと。シー・ズーに角膜潰瘍が多いのは、簡単に表現すればまばたきが苦手だからです。

目に傷が付いても、皮膚をおおう薄い甘皮が形成される「上皮化」が正常に行われれば治ります。上皮化は、まばたき

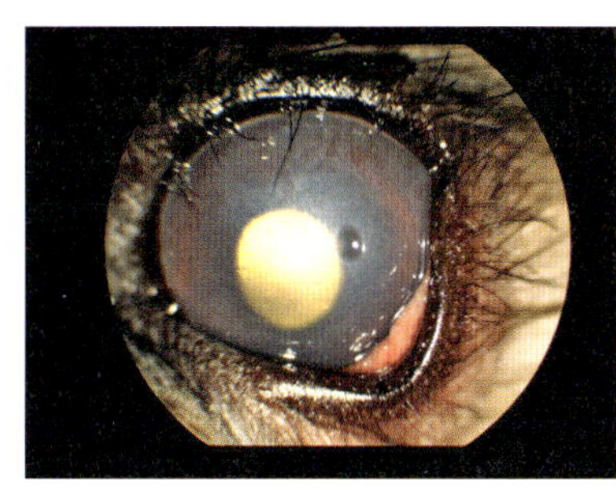
１歳の角膜潰瘍のシー・ズー。

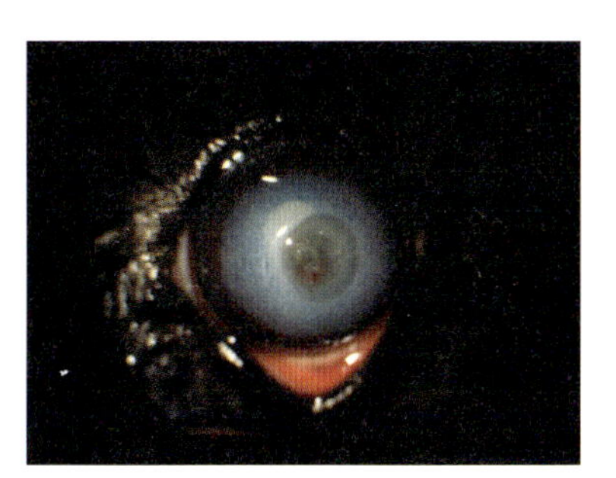
6か月齢の角膜潰瘍のシー・ズー。

により涙が角膜をおおうことで成立します。ところが、眼球の露出している面積が大きいシー・ズーのような短頭種は、そのほかの犬種よりも、まばたきをするのにまぶたの力が必要。そのため、まばたきが上手くできないと上皮化に支障をきたし、傷が治りにくくなってしまうのです。角膜潰瘍を放置しておくと、目に穴が開いてしまう恐れもあるので要注意です。

目の傷が水を吸って浮腫になった場合や、角膜潰瘍の傷跡は白濁して見えます。早期に治療をすれば白濁化も防げるため、早めに獣医師の診察を受けるのが重要です。ドライアイが原因で、角膜潰瘍になるケースも珍しくありません。

早期発見するには

角膜潰瘍になりやすいワンコは、まばたきがしっかりできていなかったり、目を開いたまま寝ていたりします。そういった様子がないかを、飼い主さんはこまめにチェックしてください。

また、角膜の傷が気になって、ワンコが患部をこすったり引っ掻いたりするかもしれません。ドライアイと併発していると、目やにが目頭だけでなく、目の縁のさまざまなところに見られるのも特徴です。

最新の治療法

潰瘍ができてしまった角膜が再生されるまでには、半年以上かかります。治療は、点眼薬による内科療法のほか、外科手術が行われることもあります。

シー・ズーの場合は、ヒアルロン酸が配合された点眼薬による予防も推奨されています。

口腔疾患とオーラルケア

口腔疾患の代表格といえば歯周病ですが、
ほかにもさまざまな病気がみられます。

頭蓋骨の骨格と歯並びの関係

　動物の頭部のうち、目より前側の口先に当たる部分を「吻（ふん）」と言います。頭蓋骨の骨格によって吻の長さは異なり、短い吻の品種を短頭種、長く狭い吻を持つ品種を長頭種、その中間の長さの吻を持つ品種を中頭種と分別できます。

　シー・ズーは短頭種に分類されます。短頭種は、鼻の発達が不十分で短く、頭が押しつぶされた形態であることが特徴です。

　犬の歯並びの基準となるのは中頭種で、短頭種と長頭種では、それぞれ歯と歯のすき間や重なりに違いが見られます。

●短頭種：シー・ズー、パグ、ブルドッグ、ボストン・テリア、ペキニーズなど

●中頭種：プードル、シュナウザー、ビーグル、レトリーバー、柴など

●長頭種：コリー、ボルゾイ、ダックスフンド、アフガン・ハウンドなど

　正常な犬の歯は、各歯において次のような噛み合わせ（咬合（こうごう））になっています。

【切歯（せっし）】
　上あごの歯は下あごの歯をややおおっている。

【犬歯】
　下あごの犬歯は、上あごの第3切歯と犬歯のあいだに入り込む。

【前臼歯（ぜんきゅうし）】
　上あごの第1〜3前臼歯と下あごの第1〜4前臼歯は、互い違いに噛み合うように生えている。

頭の形の違い

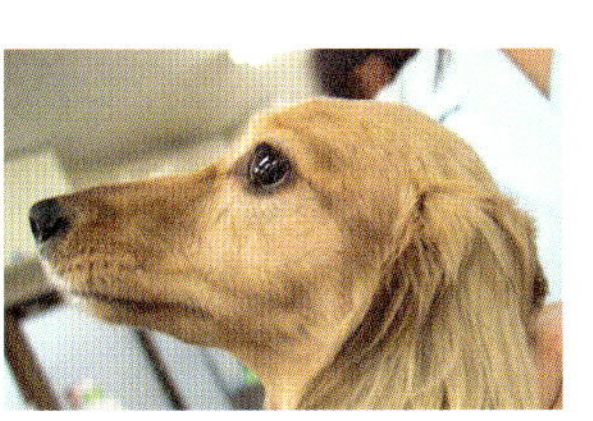
長頭種（M・ダックスフンド）

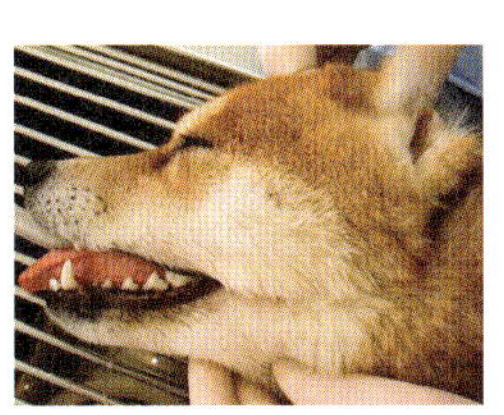
中頭種（柴）

短頭種（シー・ズー）

しかし、シー・ズーなどの短頭種は、これらをほとんど満たしていません。

注意したい「不正咬合」

不正咬合とは、噛み合わせや歯の位置の異常のことで、歯並びが悪いことを指します。あごの長さや幅がアンバランスな「骨格性不正咬合」と、歯の位置の異常である「歯性不正咬合」に区分されます。前者は遺伝の可能性が高いですが、後者は遺伝であるとは限りません。

骨格性不正咬合は、レベル別にクラス0～4に分類され、シー・ズーのような短頭種ではクラス3（下あごが長いか、上あごが短い状態）であっても、犬種としては正常とされています。

通常、上あごの第4前臼歯と下あごの第1後臼歯はハサミ状に噛み合って、口を閉じると2本の歯は近接します。しかしシー・ズーは上あごが左右に広がっているため、上あごの第4前臼歯が下あごの第1後臼歯より外側に位置し、2本の歯は離れた状態になりがちです。

歯性不正咬合は、シー・ズーでは歯が重なっている「叢生（そうせい）」の状態が多く見られます。また、歯が正常な位置に生えず、回転して生えるケースも。これは「回転歯」と言い、短頭種では上あごの前臼歯に多いようです。

さらにシー・ズーは、上あごの第3切歯と下あごの犬歯、上あごの第1、第2切歯と下あごの切歯において、異常な接触がよく見られます。その結果、犬が痛みを感じたり、歯がすり減って神経が見えてしまうこともあります。

正しい歯列

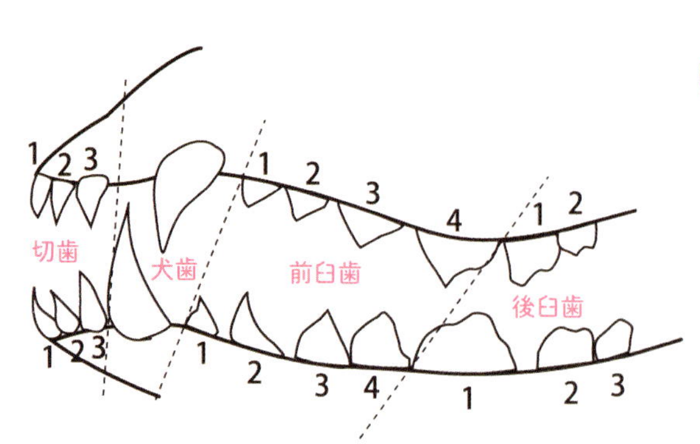

横から見たときに、上あごに切歯３本、犬歯１本、前臼歯４本、後臼歯２本、下あごに切歯３本、犬歯１本、前臼歯４本、後臼歯３本があります。

気をつけたい口腔疾患

シー・ズーがとくに気をつけたい
お口の病気を解説します。

歯周病

シー・ズーは歯並びが悪いため、歯と歯のあいだが狭い傾向にあり、歯垢や歯石が付きやすく歯周病になりやすい犬種です。これを防ぐには、歯みがきを中心とした日ごろからのケアのほか、重要でない歯を抜歯して密生状態を緩和する方法もあります。

とくに、下あごの切歯と犬歯が密生して犬歯に影響を及ぼす可能性がある場合は、抜歯することで犬歯を温存できることもあります。

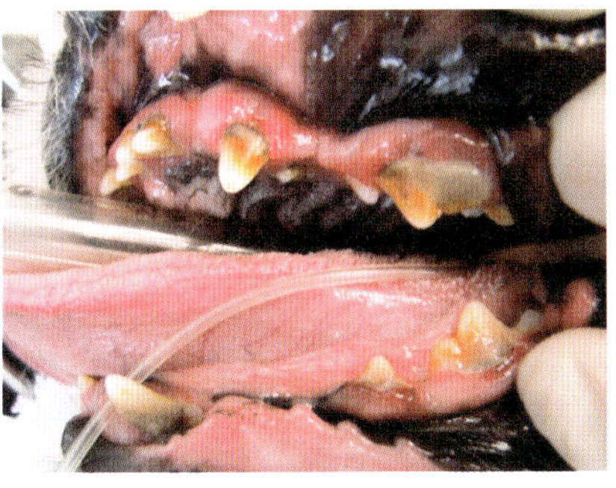

5歳齢のシー・ズー。歯の表面に歯垢・歯石が付いて歯肉が赤く腫れています（状態としては中程度）。

軟口蓋過長症（なんこうがいかちょうしょう）

上あごの奥の粘膜が異常に厚く大きくなる病気です。これは鼻の穴が狭かったり、気管がつぶれて狭くなっていたり、気管の入口の粘膜が変形していたりする、短頭種に多い「短頭種症候群」の症状の1つでもあります。

厚く大きくなった上あごの粘膜が気管の入口をおおってしまい、その周囲の粘膜がむくんだり腫れたりします。また、短頭種の犬は舌の根元が厚いことが多く、その結果「ガーガー」とアヒルが鳴くような呼吸や苦しそうな呼吸をしていることがあります。治療では、厚くなった上あごの粘膜を切り落として呼吸を楽にしてあげます。

下顎骨骨折

下あごの第4前臼歯と下あごの第1後臼歯が重なって生えていることがあり、シー・ズーはその程度が激しいようです。

したがって、この2本の歯のあいだに歯垢や歯石が付きやすく、これが歯周病につながり、さらに悪化すると骨が溶けて下顎骨を骨折することもあります。

先天的口蓋裂

生まれる前後にあごが適切に形成されず、上あごに穴が開いた状態で生まれてくることがあります。

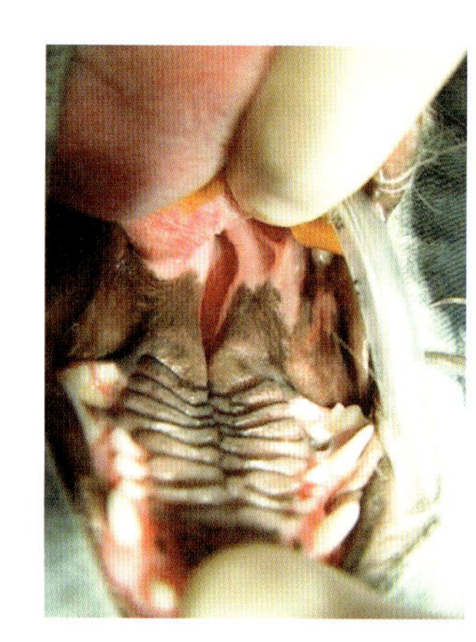

6か月齢のシー・ズー。裂けたような穴が開いています。

歯原性嚢胞

歯の病気や歯が生えるときに関連して作られる、あごの骨の中の袋状の空洞で、その中に液体を含む疾患です。シー・ズーでは、下あごの第一前臼歯の周囲に多く見られます。空洞内の歯とその壁を完全に取りのぞくことで治ります。

その他

歯が折れる（破折）、すり減る（咬耗）、口の中にできものができる（口腔腫瘍）といった口腔内疾患は、ほかの犬と同様に見られます。

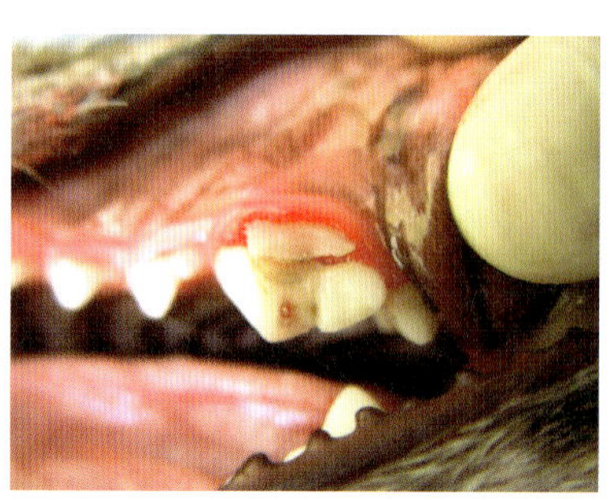

左第4前臼歯の破折（雑種）。中の神経（赤い部分）が見えています。

オーラルケアのポイント

歯のケアは動物病院やサロンだけでなく、おうちでも行いましょう。

歯周病は、フィラリアなどと同様に予防できる病気です。その最も基本的で効果的な方法は歯みがき。しかし、ケアに慣れていない犬の歯をいきなり歯ブラシでみがこうとするのは難しいものですよね。まずはコミュニケーションの一環として口の周りをさわることから始めて、無理せず少しずつ慣らしていきましょう。

「ふれる→ほめる」を繰り返す

最初は、口の周りをさわれるようになったら愛犬をほめることを繰り返します。このときおやつを与えてもＯＫ。これがスムーズにできるようになったら、今度は犬のくちびるをめくって飼い主さんの指を口の中に入れます。ここでもできたらほめてあげることが大切。最初は歯の外側のみ、次第に口を開けて歯の裏側にもふれるようにしましょう。

それに慣れたら指にガーゼを巻いて、湯や水、または動物用の歯みがきペーストなどを付けて歯の表面をそっとこすり、これを何度も繰り返します。

ヘッドを細かく動かすのがカギ

愛犬がオーラルケアに慣れてきたら、歯ブラシを用いましょう。歯ブラシの毛先は、歯の側面に対して45度の角度で当てて、毛先が歯ぐきに少し入るようにします。シー・ズーは歯並びが良くないことが多く歯が重なっている場合があるので、小さなヘッドの歯ブラシを指先で細かく動かし、ていねいにみがいてください。

そのほか口腔スプレーや洗浄剤、歯垢の付着を予防する療法食、デンタルガムなどを併用してもよいでしょう。ただし、硬い骨やひづめは歯を折ってしまうことが多いので、歯垢・歯石付着の予防にはおすすめできません。

シー・ズーのための栄養学

人と犬の共通点や犬種の栄養特性について知り、
健康的に暮らすための食事について考えてみましょう。

栄養学の基礎

まずは人と犬に共通する
基本から学びましょう。

「栄養学」と言うと何だか難しそうに聞こえるかもしれませんが、生きることの第一歩は「食べること」。生物は食物から栄養素を確保し、不必要なものを便中に排泄することで命をつないでいるのです。

食物には、たんぱく質、脂質、炭水化物（糖質＋食物繊維）、ビタミン、ミネラルという5種類の栄養素と水が含まれています。たんぱく質はエネルギー源にもなりますが、主な働きは体を作ること。脂質は、効率の良いエネルギー源であると同時に体を守ります。糖質は主なエネルギー源であり、食物繊維は腸内環境を正常に保つ働きがあります。ビタミンやミネラルはエネルギー源にはなりませんが、微量でエネルギーを作るサポートや体の調整を行います。水は体重の70％を占め、生命維持に欠かすことができません。

口から取り入れた食物は消化され、吸収されないと体が利用することはできません。よって、食事では「何を食べるか」だけではなく、消化吸収性も大事なのです。

吸収されなかった栄養素は大腸へ送られ、最終的には便として排泄されます。毎日の規則正しい排泄は、代謝の過程で産生した代謝産物や食物と一緒に体内に入った毒素なども排泄し、体が正常に働けるようにするためにも重要です。

さらに、腸内には全身の60％以上の免疫系を司る腸管免疫が存在し、細菌やウイルスから体を守っています。つまり、腸内環境が悪い状態が続くと免疫力も低下してしまうのです。そうならないために、腸内環境の健康に必要な栄養素が「食物繊維」。水溶性食物繊維と不溶性食物繊維に分類され、前者は腸内環境の健全性に、後者は排便の促進に役立ちます。犬も人も食物繊維を消化吸収することはできませんが、腸内細菌によって分解され、栄養素とは別の形で健康管理にひと役買っているのです。

また、体重増加は「摂取エネルギーよりも消費エネルギーが少ない状態の継続」で生じます。肥満は心臓や関節に負担をかけるだけでなく、肝臓疾患、糖尿病やすい炎などさまざまな病気の引き金と

5大栄養素の主な働きと供給源

	主な働き	主な含有食品	摂取不足だと？	過剰に摂取すると？
たんぱく質	エネルギー源 体を作る	肉、魚、卵、 乳製品、大豆	免疫力の低下 太りやすい体質	肥満、腎臓・ 肝臓・心臓疾患
脂質	エネルギー源 体を守る	動物性脂肪、 植物油、ナッツ類	被毛の劣化 生理機能の低下	肥満、すい臓・ 肝臓疾患
炭水化物（糖質／食物繊維）	エネルギー源 腸管の健康	米、麦、トウモロコシ、芋、豆、野菜、果物	活力低下	肥満、糖尿病、 尿石症
ビタミン	体を調整する	レバー、野菜、果物	代謝の低下 神経の異常	中毒、下痢
ミネラル	体を調整する	レバー、赤身肉、 牛乳、チーズ、 海藻類、ナッツ類	骨の異常	中毒、尿石症、 心臓・腎臓疾患、 骨の異常

なります。定期的に体重測定を行い、適正体重の維持を心がけましょう。適正体重は骨格や筋肉量によっても異なるため、見た目だけではなく体をさわって確認することが大切です。

犬ならではの栄養学

次に、人と異なる部分について学びましょう。

人は雑食、犬は雑食寄りの肉食

●口腔内

人のだ液中に含まれる炭水化物（糖質）の消化酵素が犬のだ液中にはないため、口腔内では人のように消化が始まりません。また、のどを通る大きさの食べものは飲み込みます。

●胃

犬の胃は拡張性が高く、食いだめが可能。また、強酸性の胃内ではたんぱく質の消化や殺菌に優れています。

●小腸と大腸

小腸では栄養を吸収し、大腸では水分や電解質の再吸収を行います。犬の腸は人に比べて短いので、炭水化物が必要以上に多い食事は未消化物を増やし、腸内環境を悪くするため軟便や下痢の原因となります。

嗜好性の違い

犬は人より味蕾の数が少ないため、嗜好性は味覚よりも嗅覚が優先されます。脂肪臭を好み、たんぱく質に含まれるアミノ酸の味に嗜好性が高いとされています。また、甘味を感じる味蕾が（人ほど多くありませんが）存在するため、甘味が好き。半面、危険を知らせる味である苦味を嫌います。

ただし、最終的な嗜好性は経験によって変わります。

栄養素の違い

人も犬も、必要な栄養素の種類は5種類です。しかし、体内合成できる栄養素が異なることから食事への必要性や必要量が異なります。

たとえば、必須アミノ酸は人の場合は9種類ですが、犬はアルギニンを加えた10種類。犬はビタミンCの体内合成ができますが、ビタミンDはできません。一方で、人はビタミンCを体内合成できませんが、ビタミンDは紫外線から体内合成することができます。さらに、犬は亜鉛の要求量が人の5倍以上といわれています。

このようなことから、人と犬の食事は栄養素の種類は同じでも、そのバランスが異なるのです。

食事管理のポイント

栄養バランスと適正体重に注意して、今日の食事から役立ててみてください。

「総合栄養食」とは

ペットフードは使用目的に応じて「総合栄養食」「間食」「その他の目的食」に分類されます。パッケージ表示を確認してみてください。

そのうち、「総合栄養食」はそのフードと水だけで健康管理ができるように栄養バランスが整えられたペットフード。現在市販されている犬用ドライフードはすべて総合栄養食です。一方で間食はおやつやスナック、その他の目的食は一般食、副食、栄養補完食など栄養バランスよりも嗜好性を重視して作られ、「使用に際しては総合栄養食と併用を」と記載されています。サプリメント類や療法食もこのカテゴリーに入ります。

原材料表示のルール

原材料表示は使用原材料の多い順に表示されています。食物アレルギーなどの表示がない限り、動物性たんぱく質源（体を作るエネルギーのもととなる食品／103ページの表参照）が1番目か2番目に表示され、かつ供給源がわかりやすい商品のほうが質は高いと考えられます。

フードの「給与量」

同じ犬種、体重であっても、生活環境や活動量、生活環境などが異なるため、ペットフードに表示してある指示給与量（1回の食事で与える量）はあくまでも目安です。指示に従ってフードを与えた1週間後に体重測定をして、体重が増えたら10%程度給与量を減らす。体重が減ったら10%程度給与量を増やすなど調整して、適正体重を維持しましょう。

「代謝エネルギー量」とは

代謝エネルギー量とは、食べたときに便中や尿中へ排泄されたエネルギーを差し引いた「実際に体内で利用できるエネルギー量」を指します。パッケージには〈代謝エネルギー（ＭＥ）＝○○kcal／１００ｇ〉のように記されています。成長期のドライフードでは４００kcal前後、維持期では３５０〜３８０kcalが高品質な総合栄養食の目安。シニアの場合、筋肉量が減って活動量も落ちるため、太りやすいようなら維持期よりも代謝エネルギーが低いフードを選ぶと良いでしょう。

おやつやトッピングの量

主食の栄養バランスを崩さずに与えられるおやつやトッピングなどの量は、1日当たりのエネルギー量の10%以内と考えてください。

たとえば、1日に４００kcal摂取している場合は40kcal以内です。この場合、主食はそのぶんを引いた３６０kcalになることに注意しましょう。適正体重が維持できるペットフードの分量（グラム数）がわかれば、〈表示してある代謝エネルギー÷１００〉で1g当たりのエネルギー量が計算できるので、給与量をかけると1日に何kcal与えているかがわかります。

例 **代謝エネルギー＝380kcal／100gのドライフードを120g与えて適正体重が維持できている場合**

1日当たりの摂取エネルギー量＝380÷100×120＝456kcal

おやつはこのうち10%と考えると45.6kcal

主食はおやつの分を引いた410.4kcal

1g当たりのカロリーは3.8kcalなので、410.4÷3.8＝108gがおやつを与える場合のドライフードの給与量となる。

手作り食について

飼い主さんの手作り食を見てみると、栄養価重視で消化吸収性をあまり考えていないこともあるようです。「良いものを食べただけ」では、体が利用することができません。体が利用できない栄養素が多いと腸内環境が乱れるため、長期的には免疫力にも悪影響を与えてしまいます。

健康管理に役立つ手作り食とは、「消化↓吸収↓代謝↓排泄の一連の流れがスムーズで、腸内環境と適正体重を維持できる」ものでなければならないでしょう。食材選びをするときに消化吸収性や個体の体質も考えると、より良い手作り食になるはずです。

●食材選び
↓高消化性で入手しやすい食品

一般的に、白米、ジャガイモ、カボチャ、ブロッコリー、鶏肉、豚肉赤身、鮭、鶏卵などが挙げられます。たとえば玄米は栄養価が高いけど消化しづらい、羊肉はアレルギー反応が少ないけど脂肪が高い、といったこともあるので注意しましょう。

●栄養バランス
↓たんぱく質や脂質は中程度

肉や油脂が多い食事は嗜好性が高いものの、肥満、肝臓疾患、すい炎、関節疾患などの原因になりがちです。体重が増えやすい、便がゆるくなりやすいなどがあれば、少し減らしてみてください。

水分摂取の重要性

「水」はのどの渇きを潤すだけでなく、生命維持や健康管理で重要な役割を果たします。不足すると、体調不良や病気の原因になることも。

はじめに

飼い主さんがペットフードや手作り食、おやつ、サプリメントなどに興味を持つことが多いなか、あまり気になっていないのではと感じるのが「水分摂取」についてです。

体に必要な栄養素は、たんぱく質、脂質、炭水化物、ビタミン、ミネラルの5種類。ですが、バランスを考えるなら、水もその一部です。とくに、ドライフードを主食としている場合、水分摂取量は健康管理にとても大事。今後の健康管理のため、水について考えてみましょう。

どうして体に大事なの？

体を構成する成分のうち、水の占める割合は、成犬では体重の約70%。このことは、生命維持にこれだけの体液量が必要であることを意味しています。そのため、数週間以上食べなくても生きていくことができますが、2〜3日水が飲めない状態やたった10%の脱水が命取りに。体を構成するすべての細胞、組織、臓器などもすべて水の恩恵に与っています。水はまさに「命の源」なのです。

体にどんな働きがあるの？

水の働きは、大きく分けると「体温調節」と、体内で起こるさまざまな化学反応を円滑にして「栄養素を取り入れ、不必要な毒素などを排泄する」ことです。

①体温調節

恒温動物は、それぞれに適した体温を一定に保っているとき、体が正常に効率良く働くようにできています。一方で、食べものを食べる、運動をする、気温や湿度が高い、ストレスなどさまざまな要因で体内には「熱」が発生します。体温を一定に保つには、この熱を下げる必要があり、このときに「水」が必要なのです。暑い日や運動の後などに冷たい水を飲みたくなることを想像するとわかりやすいですね。

とくに犬は、口を開けてハーハーと呼吸をする「パンティング」により熱交換を行いますが、このとき多くの水分が体から失われています。

②栄養素を取り入れ、不必要なものを排泄する

どんなに良い食事でも、食べただけでは血や肉となって体の役に

1日に必要な水分量

1日に必要な水分量は、基本的に摂取エネルギー量と比例します。たとえば、1日に400kcalを食事やおやつから摂っている場合、約400mℓの水が必要と考えます。1日に必要なエネルギー量が把握できていない場合は、次の手順で計算すると目安量が分かります。

手順	具体例
①フードラベルを見て「ME(代謝エネルギー)○○kcal／100g」の○○を確認	ME=380kcal／100g
②毎日与えているフードの重さを計量	80g
③❶÷100g×❷g ＝フードから摂取している エネルギー量【Ⓐkcal】	380÷100×80＝304kcal
④おやつの袋も❶→❷の要領で何kcal与えているかを計算 ＝【Ⓑkcal】	クッキー1個　15kcal 歯磨きガム1個　25kcal 15＋25＝40kcal
⑤1日に摂取しているエネルギー量(kcal) 【Ⓒkcal】 ＝【Ⓐkcal】＋【Ⓑkcal】	304+40＝344kcal
⑥1日に必要な水分量＝Ⓒmℓ	1日に必要な水分量の目安 ＝344mℓ→340mℓ前後※

※ここには食事中の水分量や飲水量も含まれます。

は立ちません。食べたものに含まれる栄養素は消化、吸収、代謝などさまざまな化学反応によって利用できるようになるからです。そして、これらの化学反応は水を介して起こるため、水分不足は栄養素の無駄遣いという結果に。同時に、その際生じた体に不要な物質が蓄積しやすくなります。

必要な水分量はいつも同じなの？

1日に必要な水分量は、ドッグフードの種類、塩分や糖分濃度、筋肉量、活動量、気温や湿度、環境、ストレス、健康状態などの影響を受けます。そのため、基本となる水分量を把握し、必要に応じて不足分を意図的に補う必要があります。

犬の自発的な水分摂取量は、意外と増えないものです。また、一気に多くの水を飲むと、たくさん水を飲んでいるように感じますが、そのぶんオシッコの量も増えます。このような飲水は体温調節には役立ちますが、体液量を維持するための水分補給には効果が得られません。

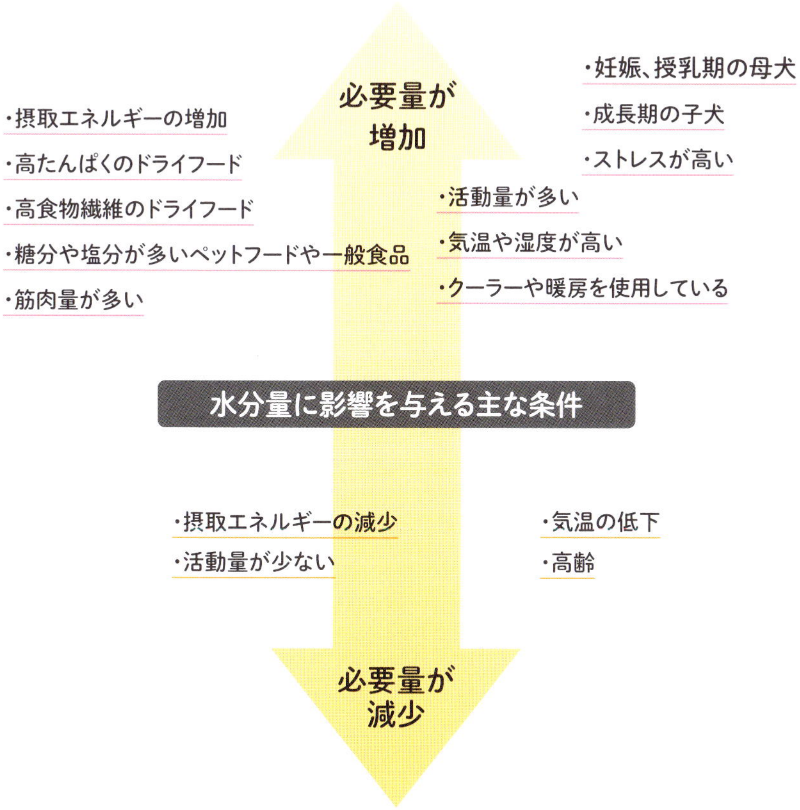

水分量に影響を与える主な条件

必要量が増加

・摂取エネルギーの増加
・高たんぱくのドライフード
・高食物繊維のドライフード
・糖分や塩分が多いペットフードや一般食品
・筋肉量が多い
・妊娠、授乳期の母犬
・成長期の子犬
・ストレスが高い
・活動量が多い
・気温や湿度が高い
・クーラーや暖房を使用している

必要量が減少

・摂取エネルギーの減少
・活動量が少ない
・気温の低下
・高齢

水分不足は何が問題？

水分が不足することで、体のさまざまな働きが鈍くなります。多少の水分不足は見た目にはわかりませんが、体の中では確実に変化が起きています。食べたものが効率良く代謝できない、血が濃くなり、栄養素を体の隅々まで送れない、排尿量や排便量が減り毒素が体内にたまりやすくなるといったことが起きるのです。

食欲不振や、何となく元気がないといったことも生じます。食欲不振になると、飼い主さんは「今食べているフードが嫌いなのだろう」と考え、フードを切り替えたりすることが多いのですが、その前に水分が十分に確保できているのかも見直してみましょう。

水分不足の程度によっては、嘔吐や下痢を生じ、腎臓、肝臓、すい臓や心臓への負担が大きくなります。

水分不足かどうかに気づくにはどうしたらいいの？

脱水に至る前に「少し水分が足りないかも？」という段階で気づき、水分を補うようにしたいものです。その目安となるのが、毎日の尿や便の状態です。規則正しく排便があり、水分も十分に摂取できているときの便は、しっとりとした茶色いウンチです。一方で便秘をするとポロポロとして色が黒っぽく、不快なニオイが強くなります。尿は量と色をチェックします。いつもより排尿回数が少なくなった、1回の量が少ない、色が濃くなったなどは水分が不足している証拠です。ただし、朝一番の尿は濃いのがふつうで、その後夜にかけて薄くなっていきます。よって、1日中濃いのはNGです。

不足していると感じたときには、いつもより多めに水分補給をしてその後の便や尿を比べ、適度な硬さや尿の色になるよう必要な水分量を調整してください。

それでも改善しない場合は、何らかの病気があるかもしれないので、動物病院で相談しましょう。

水分不足時の特徴

便
- 出にくい、いきみ感が強い
- ポロポロしている、カサカサしている
- 量が少ない
- 便が黒くニオイが強い

尿
- 量や回数が少ない
- 色が濃い

水に正しいあげ方はあるの？

きれいな水をいつでも飲めるように設置しておくのが基本ですが、それ以外にも次のようなことに気をつけてみましょう。

①給水皿は清潔に

給水皿はステンレス、または陶器で毎日きれいに洗って使用します。ただ、水を入れ替えるだけだと底に汚れが残り、水が汚れたり雑菌が繁殖したりする原因となります。また、プラスチックは傷が付きやすく、そこから雑菌が繁殖して嫌なニオイの原因となり、アレルギーや水を飲む量が減る原因にもなります。

②設置は複数の場所に

1階と2階を行き来しているような場合は、それぞれに設置しましょう。とくに高齢で行動に制限があるような場合は、すぐにアクセスできるようにしたいものです。

③水分補給は少量頻回で

ドライフードを主食としている犬の多くは水分不足です。給水皿から水を飲んでいると十分に摂取しているように見えますが、飲んでいることと「必要量を摂取できているか」は別問題。そのため、不足する分は飼い主さんが意図的に補給することが健康管理の秘けつです。

ただし、一度に多くの水分を与えても体は吸収できないので、少しずつ回数を分けて与えるようにしましょう。オシッコの量や回数が多くなる、便がやわらかくなるなどの場合は与えすぎ。様子を観察しながら愛犬にとっての適量を見つけるようにします。

シー・ズーだから気をつけたいことは？

シー・ズーは短頭種である上に長毛種でダブルコート。体内に熱がこもりやすい条件を備えています。熱がこもった状態だと体から抜けていく水分量が多くなります。その結果、かかりやすい病気が熱中症と尿石症です。水分が十分かどうか、日ごろから予防を心がけましょう。

①熱中症予防のポイント

短頭種の犬はパンティングによる熱交換が苦手です。そのため、こまめな水分補給が熱中症予防に役立ちます。同時に熱の放散率が低いので、体内にたまった熱を冷ますのをサポートします。室内温度を下げる、体を冷やすといったことも効果的です。散歩も気温や湿度の高い日は短めにする、コンクリートの上より草や土の上を歩かせるなど、より一層の注意をしたいものです。

②尿石症予防のポイント

尿中のミネラルが濃くなったことで結晶ができ、それが集まり石となるのが尿石症です。代表的な尿石にはストルバイトとシュウ酸カルシムがあります。ストルバイト尿石は特別な食事で溶解させることが可能ですが、シュウ酸カルシウム尿石は一旦できると食事で溶解することができないため、外科手術が必要になることがあります。

シー・ズーは尿石症になりやすい犬種なので、日ごろから予防を心がけたいものです。尿石症の最も大きな原因は「水分摂取不足」。栄養バランスの良い食事と毎日の十分な水分摂取が効果的な予防方法です。与えている食事や活動量、環境、健康状態などに対して十分な水分が摂取できているかを確認する習慣をつけましょう。

おわりに

「水の力」について理解を深められたでしょうか？　成長期、維持期、高齢期を通して「栄養バランスがとれた食事」と「適正体重の管理」は基本ですが、これからは「十分な水分の確保」も健康管理のポイントにぜひ加えてください。ただし、単に水の量だけを増やそうと思ってもなかなかうまくいかないので、フードをふやかす、ウエットフードを利用する、乾燥したおやつを水分の多いものにする、手作りチキンスープを作るなどの工夫が役立ちます。

一方で、水分の摂取過剰も軟便や下痢、消化不良などの原因となり、不足同様に好ましくありません。犬が自発的に多量に飲水し、排尿量も多いことが続く場合は、何らかの炎症性の病気も考えられるので、見逃さずに動物病院で相談してください。

Part6
シニア期のケア

犬の長寿化に伴い、今や15歳以上のシー・ズーも
珍しくありません。シニア犬のケアや病気についての
情報や知識が必要になってきています。

シニアにさしかかったら

愛犬の変化に気づく方法や日々の心がけなど、
今日からの生活に取り入れてみてください。

体と行動の変化

比較的大人びた外見の犬種なので、
老化現象に気づきにくいかも。

シニア準備期（7〜9歳）

まだまだ動作が活発で、年齢を感じさせないころです。とくに、毎日一緒に生活する飼い主さんは老化現象を見つけにくいかもしれません。機会を作り、動物病院で白内障のチェックや心臓の検診を受けておくと良いでしょう。

7歳以上のワンコの2割は、通常の身体検査だけでは異常を発見できないといわれています。しかし、血液検査やエコー検査といった入念な検査を行うことで初めて見つかる異常もあります。7歳を過ぎたら、一度動物病院で詳細なチェックを受けることをおすすめします。

シニア期（10〜12歳）

それまで一気に駆け上がっていた階段にためらうようになったり、元気に歩いていたのに突然転んだり、咳が増えたり……。このころになると、「うちの子、年をとったんじゃない？」と感じる症状が見られるようになります。

しかし、単なる老化現象ではなく、治療が必要な病気の場合もあります。すべてを年齢のせいにするのではなく、少なくとも半年に1回、できれば季節ごとに健康診断を受けると良いでしょう。大人になってからのワンコの1年は、人間の4年に相当するともいわれています。そのくらい早く老化が進むということを覚えておきましょう。

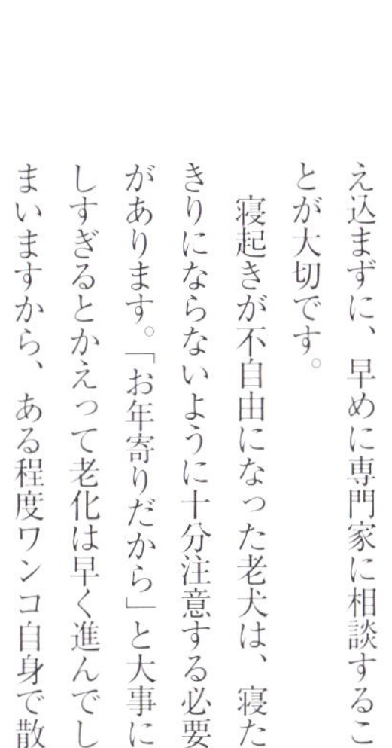

シニア後期(13歳以上)

歩くことや食べることなど、日常生活に人間の手助けが必要とされる時期です。細かな体調管理が必要になりますから、獣医師などからアドバイスを受けてください。

現在は薬だけでなく、シニア犬をサポートするためのさまざまなケア製品が販売されています。また、動物病院には高齢動物の扱いに慣れたスタッフもいますから、飼い主さんだけで愛犬の悩みを抱え込まずに、早めに専門家に相談することが大切です。

寝起きが不自由になった老犬は、寝たきりにならないように十分注意する必要があります。「お年寄りだから」と大事にしすぎるとかえって老化は早く進んでしまいますから、ある程度ワンコ自身で散歩や食事ができるようにしてください。

起こりやすい病気

とくにシニア期で発症しやすい病気を解説していきます。

マラセチア皮膚炎

原因と症状

マラセチアという酵母菌が皮膚の表面で増えることで皮膚炎を起こします。マラセチアは常在菌といい、健康な皮膚にも存在するのですが、皮膚が傷ついたり、蒸れたり、年をとって体の免疫力が落ちたりすると、「皮膚が赤くなる」、「毛が抜ける」、「ベタつきのある嫌なニオイのフケが出る」などの症状を引き起こします。

顔や指のあいだ、脇など汗をかきやすい部位に出やすいのが特徴です。

対処

専用のシャンプーで定期的に洗い、清潔を保ちます。内服薬を併用することもあります。

予防

偏食を避け、良質なフードを中心としたバランスの良い食生活を心がけましょう。ただし、栄養の取りすぎで肥満にならないようにも注意してください。

乾性角結膜炎

原因と症状

一般的に「ドライアイ」と呼ばれる病気です。涙腺に異常が起こり、涙が十分に作られないと、目が乾燥して角膜に障害を起こします。シー・ズーは目が大きくて乾燥しやすいので、涙が少し減っただけで大きなトラブルになることも。目が乾燥して黒目の光沢がなくなるほか、粘り気のある濃い目やにがたくさん出て目が開かなくなってしまうこともあります。

対処

初期は涙液タイプの目薬を使って、不足した涙を補います。進行すると、涙を作りやすくする目薬を定期的に使う必要があります。

予防

残念ながら確実な予防法はありません。

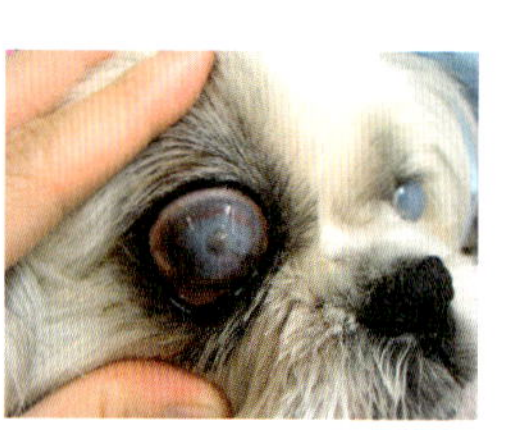

右目に乾性角結膜炎と潰瘍を併発したシー・ズー。

日ごろから白目の充血や黒目の輝き、目やにの有無に注意してください。

気管虚脱

原因と症状

シー・ズーのように短吻で鼻の穴が小さい犬種に起こりやすい病気です。空気の通り道が狭くなってしまうために、気管がつぶれて細くなり、その結果「ガーガー」と耳ざわりな呼吸をしたり、咳が出て呼吸困難を起こすこともあります。

対処

興奮すると悪化するので、抱いて落ち着かせます。スポーツ用の酸素があれば与えてもよいでしょう。呼吸が苦しそうな状態が長く続く際は、できるだけ速やかに動物病院で処置を受けてください。

予防

肥満を避けることが、最も重要です。シ

ニアになると若いころの影響が出やすいので、若いうちから気をつけてください。適度な運動をして日ごろから呼吸筋を強くしておくことも大切です。

僧帽弁閉鎖不全症

原因と症状

心臓の中にあって血液の流れを一定にする「僧帽弁」がうまく閉じなくなり、血液が逆流して肺や内臓に障害を起こす病気です。老化によって起こりやすく、小型犬では8歳を過ぎると多くの犬が僧帽弁に異常を起こします。初期には症状が見られず元気で食欲にも異常はありませんが、進行すると咳や呼吸困難が見られ、末期では心臓発作などを起こして突然命を落とすことがあります。

対処

身体検査、エコー検査、レントゲン検査、心電図検査などを行い早期発見に努めます。根本的な治療は難しいため、血管を広げたり、心臓の働きを助ける薬を投与して進行を遅らせることが目的となります。

予防

太ると心臓への負担が増えるので、体重管理に気をつけましょう。

快適に過ごすために

愛犬と飼い主さんが心地良く過ごせるように準備しましょう。

ひと口にシニアといっても、一般的には7歳以上の幅広い年代を指します。前述の各シニア期には目安の年齢を示していますが、13歳になっても元気に走り回っている犬もいるのではないでしょうか。

また、老化現象は一度にすべての臓器で起こるのではなく、それぞれが別々の速度で老化していくもの。飼い主さんは愛犬の状態をしっかりと見極めて、老化の進み具合に合わせてこまめに生活環境を見直したり、ケアの方法を考えていきましょう。病気は早期発見・早期治療がカギですから、積極的に健康診断を受け、症状の軽い段階から対処できるようにしましょう。

シニア犬のための栄養学

ワンコも年齢を重ねてくると、若いころと同じ食事というわけにはいかなくなってくるもの。飼い主さんにぜひ押さえてほしい、シニア期の食事にまつわるポイントを紹介します。

成犬期までとシニア期の食事の違い

犬の主食は必要な栄養を過不足なく含む必要があり、総合栄養食・AAFCO※1・FEDIAF※2といった栄養基準に沿って作られています。これらには成長期（授乳期）と成犬期の基準はありますが、シニア期の栄養基準はありません。世のなかにはシニア用のフードがたくさんありますが、これらは何かの基準に沿って作られているわけではなく、メーカー各社がシニアにとって必要だと考える栄養設計を独自に考えて、製品化をしているというのが実情です。

　シニア期になると、これまでの食生活や性格、好みの違いによって、食に対する姿勢が多様化します。そのため、シニアだからという理由で、食事をふやかしたり、形状を変えたりする必要はありません。また「こういう食事が絶対におすすめ」というものはなく、それぞれの個性や体調、おうちの環境に応じて、適した食事を選ぶことが大切です。

※1 AAFCO：アフコ、全米飼料検査官協会。アメリカでペットフードや家畜の飼料の栄養基準を公表している。日本のペットフードは、基本的にこの団体の栄養基準に則っている。
※2 FEDIAF：フェディアフ、欧州ペットフード工業会連合。ヨーロッパでは多くの国内ペットフード業界団体や企業がFEDIAFに加盟している。

シニア期の食事のポイント

シニア期ならではの食事の注意点を抑えましょう。

サプリメントは節度を持って使うかどうか検討しよう

健康維持・増進をするため使用する食べ物を「サプリメント」と一般的にいいますが、定義は明確ではありません。動物用のサプリメントは、人間用よりもエビデンスが足りてない状況で販売されていることがあり、内容成分を確認せずに与えると健康を害する可能性すらあります。インターネット上ではさまざまな効果を期待できるようなサプリメントが紹介されていますが、サプリメントは薬ではないため「○○に効く」という表現は法的な問題になる可能性があります。劇的な効果を期待させるような表現や不安を煽るような画像などにはご注意を。

　サプリメントを飲ませている数が多すぎることも問題になり得ます。成分が重複することで過剰摂取によるリスクや未知の相互作用、カロリー過多などが懸念されます。良かれと思って与えたらマイナスに働いてしまう場合もあるため、サプリメントは原材料を把握し、使うかどうかは節度を持って検討しましょう。

摂取カロリーを把握し、食欲に応じたフード選びを

シニアになると活動量や代謝が落ち、必要なエネルギー量が減る影響で、太りやすくなる傾向があります。とくに食欲が旺盛な子は、欲するがままに食事をあげ続けると太ってしまいやすいものです。しかし、ただごはんの量を減らすだけでは愛犬が満足しないことも。

そんなときは、食物繊維の増量や脂質の制限、水分量が多めなど、食事の「かさ」を増やす工夫がされており、グラムあたりのカロリーが低いフードを選ぶと良いでしょう。逆に、食にあまり興味がなく小食な子には、グラムあたりのカロリーが高くかさが少ないフードを選ぶと良いでしょう。食事の回数を増やすのもひとつの方法です。

とくに目立った症状がない場合でも、同じ食事を同じ量与えているのに体重がどんどん減っていくときは、病気が隠れている可能性があります。定期的な体重測定と摂取カロリーの確認は忘れないようにしましょう。

ごはんを食べないときは、まず獣医師に相談を

高齢になると病気がどうしても増えていくもの。「シニアだから食欲に波があってもしかたない」「シニアだからこんなものだろう」と思っている裏に、じつは病気が隠れていることがあります。食べないからといって食事を頻繁に変える前に、まずは動物病院へ行き、健康状態の確認をしてもらいましょう。

なお、病気になったときに与える療法食は、原材料や栄養組成が細かく設計されたものです。トッピングやおやつを少し追加するだけでも、与える意味がまったくなくなる療法食も存在します。必ず獣医師の指導のもと与えるようにしてください。

若いころから気をつけたいこと

高齢期の健康には、若齢期の食事も関係します。

極端な栄養組成でない、栄養基準に沿った主食を

栄養の過不足は間違いなく体に悪影響を及ぼすため、添加物や原材料の品質よりも栄養組成を優先する必要があります。まずは、総合栄養食やAAFCO、FEDIAFの栄養基準に沿っているかを確認しましょう。手作り食でも同様です。

しかし、これらの栄養基準は主食としての最低限の基準であり、栄養基準に沿っていても、非常に高たんぱく・高脂質といった極端な製品も販売されています。高たんぱく・高脂質な食事は、一般的に嗜好性が高い一方で、食事の切り替えを困難にさせたり、嘔吐や下痢などの消化器症状を引き起こすことがあります。

ドライフードは製法上極端に高脂質な食事を作ることは難しいのですが、ウェットフードは際限なく配合できるため、とくに注意が必要です。必ずパッケージやWebサイトで栄養組成を確認しましょう。栄養組成を比較するためには、水分を抜いた状態（乾物値）に換算する必要があります（表1・2）。

人間の食の印象や、フードメーカーによるマーケティングの影響で、非常に多くの飼い主さんが「高たんぱく・低脂質な食事は体に良い」と考えています。たんぱく質が多ければ多いほどフードの価格は上がりますが、「たくさんのたんぱく質を与えたほうが良い」という説について、質の高いエビデンスは存在しません。脂質も体を作る大事な栄養素なので、脂質制限が必要な病気でもない限り、少なければ良いというものではありません。脂質を避けるためにドライフードを洗ったり、表面の油を落としたりすると、必要な栄養をも洗い流すことになるので絶対にしないでください。

※パッケージにある「たんぱく質○○％以上」という記載は、たんぱく質がそれ以上含まれていることを保証しているだけで、フードに含まれる正確な数値ではありません。メーカーへの問い合わせが必要です。

表1　栄養組成の比較の仕方

製品あたり	脂質	水分
ドライフードA	22%	10%
ウェットフードB	8%	80%

↓ **乾物値に換算**

乾物あたり	脂質
ドライフードA	22／(100－10)×100=24.4…%
ウェットフードB	8／(100－80)×100=40%

→ **ウェットフードBは超高脂質な食事といえる。**

表2　一般的なフードの栄養組成

たんぱく質	乾物あたり20～40%
脂質	乾物あたり10～30%

おやつやトッピングはカロリーの10%まで

おやつ（副食）は、総合栄養食やAAFCOの栄養基準に沿っている主食とは異なり、基本的に栄養バランスに配慮して作られてはいません。そのため、おいしさだけを考えたおやつをたくさん与えてしまうと次第に主食を食べなくなり、おやつを待つようになることもあります。知らず知らずのうちにおやつの量が増えてしまい栄養が偏った、ということがないようにしましょう。

健康な子のおやつは、1日に必要なカロリーの10%までに留めましょう。おやつを与えた場合は、そのカロリー分の主食を減らすことを忘れないでください。

犬は、食事以外のタイミングで飼い主さんからもらえるものを「おやつ」と認識していることがあります。栄養バランスの整った主食の一部を取り置いて、おやつの代わりに与えるのも良い方法です。おやつ自体が栄養基準に沿ったものであれば、バランスを乱すことなく安心して与えることができます。

お口の健康を大切に

高齢になると、歯周病などのお口の中のトラブルが増えていきます。歯周病は歯垢の細菌を原因とした、歯肉が腫れたり、歯を支えている組織が破壊されてしまう病気です。食後に食べかすを放置しておくと、細菌が増殖して歯垢となり、さらには歯石へと変わっていきます。歯石は歯垢を付きやすくするため、悪循環が起こります。また悪影響は口の中に留まらず、血液を伝って心臓や腎臓など全身にもダメージを与えることが知られています。

犬は人に比べて歯石になるまでの速度が非常に速いため、日々のオーラルケアがとても大切です。歯周病の効果的な予防方法は、歯ブラシによるブラッシング（歯みがき）です。歯みがきガムやサプリメント、デンタルジェルの効果は限定的なものなので注意しましょう。また、ひづめや骨などの固いものは、歯が欠けたり、消化管を傷つける恐れがあるため、オーラルケア目的でも与えてはいけません。

高齢になってから歯みがきを始めようとしても、受け入れてくれない場合がほとんどです。口の違和感や、痛みで食事をすることが難しい状態にならないよう、若いときから日々のオーラルケアをして、定期的にかかりつけの動物病院で口の状態をみてもらいましょう。必要があれば、麻酔をかけた歯石除去を検討しましょう。

食事の記録をつけておこう

「何を食べていたときにどんな体調だったのか」を記録しておくことは、時に大きな力を発揮します。シニアになると、若いときよりも体調を崩しやすくなることがあります。体調を崩したタイミングと食事の変化が一致する場合は、食事が原因になっているかもしれません。そして記録があれば、体重の増減が認められた際に、食事量が関係しているかも判断しやすくなります。

生肉を与えない

生肉は細菌や原虫を含むことがあり、摂取することで嘔吐や下痢などの消化器症状を引き起こしたり、場合によっては死亡するリスクがあります。また犬が無症状であったとしても、体内で病原菌が増殖し、人に感染したり環境を汚染したりする恐れもあります。薬に耐性を持つ菌（薬剤耐性菌）に感染すると治療は難しくなりますし、さらに外の環境の中で排泄してしまうと、人を含めた生き物が将来使える薬の選択肢が減ってしまう可能性も指摘されています。

犬向けの肉と人が食べる肉とでは、品質管理に差があることがわかっています。そのため犬に肉を与える際は、人が肉を食べるとき以上にしっかり加熱をして与えなければなりません。近年、「生肉を与えるのは危険である」という報告が世界中で多数挙がっており、全米動物病院協会のガイドラインでも推奨されていません。

【監修・執筆・指導】

PART 1

神里 洋…P8～11

PART 2

ペットサロンデイジー、ベルフレンド…P14～17
藤ヶ崎恵子（ピエロキャッスル）…P18～21

PART 3

田中浩美（Dog Academia）…P28～34
堀井隆行（ヤマザキ動物看護大学）…P35～44

PART 4

鈴木雅実（SJDドッググルーミングスクール）…P46～54
soup*spoon…P55～59
藤ヶ崎恵子（前掲）…P60～65
平端弘美（Hello doggie）…P74～79

PART 5

荒井延明（AIN'S動物診療サポート）…P82～86
村山信雄（犬と猫の皮膚科）…P87～91
小林一郎（どうぶつ眼科Eye Vet）…P92～98
藤田桂一（フジタ動物病院）…P99～103
奈良なぎさ（ペットベッツ栄養相談）…P104～114

PART 6

船津敏弘（動物環境科学研究所）…P116～119
成田有輝（yourmother合同会社　DC one dish）…P120～125

0歳からシニアまで
シー・ズーとのしあわせな暮らし方

2024年12月30日　第1刷発行©

編　者　Wan編集部
発行者　森田浩平
発行所　株式会社緑書房
〒103-0004
東京都中央区東日本橋3丁目4番14号
TEL 03-6833-0560
https://www.midorishobo.co.jp
印刷所　シナノグラフィックス

落丁・乱丁本は弊社送料負担にてお取り替えいたします。
ISBN978-4-86811-016-3
Printed in Japan

編集　鈴木日南子、池田俊之
編集協力　臼井京音、野口久美子
カバー写真　蜂巣文香
本文写真　岩﨑 昌、小野智光、蜂巣文香
組版　泉沢弘介
イラスト　カミヤマリコ、ひかわ、ヨギトモコ